NERVOUS MATTER

인생을 좌우하는 신경계

신경 이야기

아르민 그라우 지음 / 배명자 옮김

생각의집

Thanks to

이리스 체르거Iris Zerger의 삽화 15개와
루트비히스하펜 병원의
귄터 라이어Günter Layer 의학박사 교수가
출판을 허락해준 사진 5개

Reine Nervensache:

Wie das Nervensystem unser Leben bestimmt by Armin Grau

Korean edition is published by arrangement with Verlag C.H.Beck oHG,
München through BC Agency, Seoul

목차

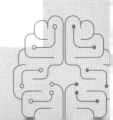

1

한 주의 시작

신경과 제1병동. 월요일 8시 15분. 회진이 시작된다. 대부분이 주말에 새로 입원한 환자들이다.

1호실. 베르거 씨가 설명한다. "텔레비전을 보는데 갑자기 화면이 꺼졌어요. 텔레비전이 왜 이러냐고 남편에게 물으려는데, 남편도 보이질 않고 주변이 다 깜깜한 거예요. 앞이 안 보인다고 남편에게 말했더니, 장난치지 말라며 내 말을 안 믿더라고요. 사실 그전에 종종 그런 장난을 치곤 했었거든요. 그래서 진짜라고 다시 말했고 남편은 당장 병원에 가자고 했지만, 다시 좋아질까 싶어 좀 기다려보기로 했죠. 정말로 얼마 후 왼쪽에서 환한 점이 나타났어요. 진눈깨비가 내리는 것처럼 모든 것이 이리저리 뒤섞였고 때로는 바람에 나부끼는 커튼 같기도 했죠. 그러더니 퍼즐 조각처럼 작은 그림들이 나타났고 왼쪽 눈이 다시 정상으로 돌아왔어요. 하지만 오른쪽은 여전히 아무것도 안 보여요. 지금도 선생님 얼굴이 절반만 보여요. 고개를 돌리고 보면 훨씬 나아요. 더 기다리면 오른쪽도 괜찮아질까 싶어서 그냥 잤는데, 다음 날 아침에도 똑같아서 일단 주치의에게 갔더니, 망막 손상 같다며 안과로 보냈어요. 안과의사는 눈이 아니라 뇌 문제라며 우리를 다시 종합병원으로 보냈죠. 그곳 뇌졸중 병동에서 벌써 여러 검사를 받았어요. 그리고 어제 이곳에 도착했어요."

환자는 걱정하는 기색은커녕 오히려 즐거워 보인다. 베르거 씨가 마지막으로 덧붙인다. "오래 기다리긴 했지만, 난 역시 운이 좋은 것 같아요."

옆 침대의 오스트 씨가 설명한다. "집에 막 도착해서 장 본 물건을 식탁에 놓고, 아빠가 곧 도착해서 수학숙제를 검사할 테니 얼른 숙제부터 하라고 딸에게 말하려는데, 말이 안 나오는 거에요. 그냥 이버머 거릴 뿐 제대로 단어를 말하지 못했어요. 무슨 말을 하려 했는지 나는 지금도 또렷이 기억해요. 그다음 곧바로 혀가 꼬이고, 마치 개미 떼가 기어가는 것처럼 오른팔과 얼굴이 간지러웠어요. 정신을 차리고 보니 구급차 안에 있더라고요. 입에서 피 맛이 났고, 바지가 젖어있었어요."

몇 가지를 질문하고 치료 과정을 설명하려는데, 간호사가 끼어든다. "교수님, 3호실 환자가 또 침대에서 내려오려 합니다. 아침 식판을 던지고 약을 침대에 뿌렸어요. 거의 밤새도록 난동을 피워서, 야간근무 간호사들이 너무 힘들었대요."

나는 오스트 씨에게 양해를 구하고 3호실의 쉴러 씨에게 갔다. 쉴러 씨는 66세이고 '정신착란과 과잉행동'이 심해져서 지난주에 이곳으로 보내졌다. 불과 2주 전만 해도 아무 문제 없이 혼자 잘 살았고, 임대주택 집세며 공과금도 실수 없이 처리했다고, 외동딸이 전했다. 쉴러 씨는 침대 난간을 필사적으로 흔들었다. 난간 사이로 다리 하나가 나와 있고, 환자복과 시트는 커피와 잼에 흠뻑 젖었다.

"쉴러 씨, 지금 뭐 하세요?" 환자의 시선이 나를 통과하여 먼곳을 향했고, 나와 눈을 맞추지 않았다. "제가 누군지 아시겠어요?" 환자는 침대 난간을 서너 번 더 흔들다가, 이름을 묻자 지친 듯 뒤로 풀썩 누웠다. "약을 바꿔야겠어요. 나중에 좀 진정되면 뇌전도 검사를 하고, 금요일에 했던 것처럼 다른 검사들도 진행합시다."

오늘 회진은 여러 병실을 계속 오가는 지그재그 여행이었고, 소소한 사건과 전화들로 계속 중단되었다. 사정이 이렇다 보니 1호실부터 순서대로 차근차근 마지막 병실까지 회진을 돌기는 불가능했다.

신경 질환은 아주 흔한 병이다. 독일에서만 약 120만 명이 알츠하이머나 치매를 앓고, 약 180만 명이 뇌졸중을 경험하며, 40만 명 이상이 간질 발작을 일으킨다. 파킨슨병 환자는 20만에서 30만 명으로 추산되고, 다발성경화증 환자도 20만 명이 넘는다.

편두통, 긴장성 두통 그리고 신경 뿌리나 척수 손상 또는 좌골신경통을 유발하는 척추 및 디스크 질환은 훨씬 더 흔하다. 남성 7퍼센트와 여성 15퍼센트가 편두통을 앓고, 대략 세 명 중 한 명이 긴장성 두통에 괴로워하고, 수백만 명이 일시적 또는 영구적 신경통이나 신경계 손상을 유발하는 척추 질환을 갖고 있다.

어떤 병은 유전이라, 선천적 상태를 행동과 생활방식으로 바꿀 수 없지만, 대다수 질병은 후천적이고, 비록 정확한 요인이 항상 명확히 밝혀지진 않더라도, 우리의 행동과 생활방식으로 영향을 미칠 수 있다. 이런 질병의 경우, 유전자는 기껏해야 발병할지, 발병한다면 언제 어떻게 발병할지만 결정한다. 예를 들어 뇌졸중은 이미 원인과 위험요소가 잘 알려져 있고 그래서 예방이 가능하다. 나른 질병은 아직 그 원인을 추적하고 있다.

어떤 질병들은, 특히 신경 질환들은 새로 생기거나 완전히 소멸하고, 더 빈번해지거나 더 드물어진다. 이것은 환경과 생활조건이 신경 질환에 영향을 미친다는 증거이다. 나는 이 책 곳곳에서 이런 연관성을 입증할 것이다.

신경 질환의 진행 과정에 영향을 미칠 수 있는 치료법이 오늘날 아주 많다. 치료할 수 있는 질병의 수도 꾸준히 증가한다. 진단과 치료의 이런 발전은 주로 최근에야 이루어졌고 그래서 그것 역시 이 책의 중요한 요점이다.

퇴원 전 마감 진료 때는 환자뿐 아니라 가족에게도 치료 결과를 설명하고 앞으로의 치료 계획을 의논한다. 복잡한 질병과 진행일 경우, 마감 진료를 시간 압박 없이 느긋하게 진행하더라도, 환자와 가족은 모든 중요한 내용을 기억하는 데 어려움을 겪는다. 그러나 애석하게도 혼돈의 병원 일상 속에서 느긋하고 어유로운 마감 진료가 항상 보장되는 건 아니다. 그러므로 중요한 내용을 문서로 정리해서 주는 것이 좋다. 그러면 환자와 가족들이 나중에 조용히 다시 찬찬히 읽어볼 수 있다. 병원에 의료 인력이 부족하다 보니, 한 환자에게 시간을 넉넉히 할애할 수 없다. 퇴원 후 환자가 계속 관리를 받게 될 일반병원에 소견서 양식으로 이른바 '환자 소개서'를 보내면 좋은데, 이것은 우리 병원에서도 아직 완전히 자리를 잡지 못했다. 나는 특히 이것이 안타깝다.

자신의 질병에 대해 더 많이 알고 싶어 하는 환자와 가족이 많다는 것을 나는 경험으로 알았고 그래서 이 책을 쓰게 되었다. 사람은 다 다르고 질병의 진행 역시 개별적이다. 그러므로 이런 책은 의사의 진료를 결코 대체할 수 없다. 그러나 적어도 질병에 관한 정보는 제공할 수 있다. 앞에서 잠깐 소개한 회진이 당신을 신경 질환으로 안내한다. 이 책에서 당신은, 저절로 치료되거나 현대의학으로 쉽게 치료되는 가벼운 병에서 시작하여, 안 좋은 결과로 끝날 수도 있는 무거운 병에 이르기까지, 여러 신경 질환에 대해 읽게 될 것이다.

우리의 신경 조직은 부분적으로 정말로 기이한 현상을 많이 보여준다. 이런 증상과 검사결과를 분류하여 병명을 알아내는 것이 신경과 의사의 과제이다. 종종 한눈에 병명이 밝혀지기도 하고, 병력과 신체검사 또는 CT와 MRI 같은 현대기술이 진단의 열쇠를 빠르게 제공한다. 그러나 쓸 수 있는 기술 전체를 펼쳐놓고 이른바 증후군이라는 난위로 증상과 검사결과를 결합하고, 각 증후군에 신경계의 손상 위치를 할당하여, 가장 가능성이 높은 원인을 목록으로 작성해야 하는 경우도 드물지 않다. 그러면 의심되는 원인을 하나씩 제외하면서 마지막에 최종 진단을 내려야 한다.

　이 책은 질병을 이해하는 것으로 끝나지 않는다. 신경 질환은 말하자면 신경계의 오작동이다. 그러므로 신경 질환을 이해하면서 동시에 당신은 건강한 신경계가 어떻게 작동하는지도 알게 된다. 말하자면, 이 책은 신경계에 관한 현대 지식의 총괄이다.

　뇌연구 덕분에 우리의 지식이 급격히 증가한다. 뇌연구는 신경학 진보의 중요한 토대이다. 그러므로 뇌, 뇌의 구조, 뇌의 작동방식에 별도의 한 장이 할애된다. 모든 진보에도 불구하고 우리는 아직, 의식적 인식이나 사고 같은 작업에서 뇌가 어떻게 작동하는지 그 실마리조차 잡지 못하고 있다. 뇌의 활성화 상태가 어떻게 인식과 사고를 가능하게 하는지는 여전히 큰 미스터리다. 그러나 하나는 확실하다. 우리가 보고 듣고 냄새 맡고 맛보고 느끼는 모든 것, 우리가 의식적으로 인식하는 모든 것, 우리가 생각하는 모든 것은, 뇌의 작업 결과이다. 뇌는 우리의 성격과 영혼의 장소이기도 하다.

　"자꾸 신경이 쓰여!" "신경이 예민해졌어." "신경이 끊어지는 줄 알았어!" "신경질적이야!" 우리는 일상에서 이렇게 은유적으로 신경을 말한다. 이런 은유는 신경의 정신적 측면을 표현한다. 정신의학과는 대개 특별한 신체적 증상과 원인이 없는 정신적 장애를 치료한다. 그러나 정신적 증상을 동반하는 신경 질환이 적지 않다. 이렇듯 신체와 정신은 서로 단단히 얽혀 있고, 특히 신경과 의사들이 그것을 자주 확인한다.

2

누구에게 닥칠까

"아침 7시에 옆집에서 쿵 하는 큰 소리를 듣고 이웃들이 달려갔고, 아무도 문을 열어주지 않자 건물관리인에게 알렸고, 건물관리인이 바닥에 쓰러져있는 환자를 발견했답니다. 발견 당시 아무 반응이 없었고 얼굴이 피범벅이었다고 합니다. 7시 40분에 구급대가 현장에 도착했습니다. 오른쪽 전체가 마비되었고 말을 걸어도 대답이 없었으며 혈액순환과 호흡은 안정적이지만 혈압이 220에 100으로 매우 높습니다."

구급대원이 신경과 의사에게 보고한다. 의사는 이미 아까부터 환자를 살피고 있다. "바우어 씨, 제 목소리 들리세요? 제 이름은 슈미트입니다. 이제부터 제가 환자분을 담당할 겁니다. 저좀 봐주시겠어요?" 68세에 고도비만. 가슴에 긴 흉터가 있다. 오른쪽 입꼬리에서 침 거품이 흘러나오고 머리와 눈은 왼쪽을 향해 굳어있다. 환자는 의사의 말을 따르지 않고, 황량하고 서늘한 응급실 타일벽 구석에서 뭔가를 찾아내려는 것처럼 변함없이 먼곳을 응시한다. 높이가 조절되는 침대임에도 의사와 간호사 그리고 구급대원 두 명이 겨우 환자를 CT 촬영대로 옮겼다.

구급대원은 병원으로 오면서 구급차 안에서 이미 전화로 환자에 대해 간단히 알렸었다. "뇌졸중으로 보입니다만 간질 발작도 있는 것 같고, 7시쯤 발생했고, 10분이면 도착합니다." 즉시 CT 촬영이 준비되고, 예약되었던 병동 환자가 다시 순서를 양보해야 했다. 뇌졸중 병동에 '혈전용해술 준비'가 지시되고 침대 하나가 확보되었다.

CT실에서 의사가 벌써 대기하고 있다. 다음 출동을 위해 급히 나가면서 구급대원이 덧붙인다. "독거 노인이고, 탁자에 이 약이 있었습니다. 당뇨와 고혈압이 있는 것 같습니다."

"그렇네요." CT 촬영대에 누운 환자를 살피며 의사가 대답한다. 그리고 혼잣말을 한다. "왼쪽으로 고정된 머리와 시선." 그다음 환자를 향해 큰 소리로 묻는다. "바우어 씨, 제 목소리 들리세요?" 환자가 힘겹게 숨을 내쉬고, 늘어진 오른쪽 입꼬리로 계속 웅얼웅얼 애썼지만 소용없다. "바우어 씨, 연세가 어떻게 되세요?" 역시 아무 대답이 없다. "완전 언어상실증." 의사가 다시 혼잣말을 한다. 환자가 말을 하지도 못하고 이해하지도 못한다는 뜻이다. "오른쪽 팔을 들어보세요." 환자가 응하지 않자, 의사가 환자의 팔을 천천히 이리저리 움직여본다. 근육에 힘(근육 긴장도)이 전혀 없고, 의사가 받치고 있지 않으면 환자의 팔은 곧장 촬영대 옆으로 떨어진다. 의사의 시선이 노랗게 변한 손끝에 잠깐 닿는다. 문제가 넓게 퍼졌다는 명확한 증거다. 뭉툭하고 두툼한 손끝과 사방으로 과하게 구부러진 넓적한 손톱 역시 눈에 띈다. 의사가 서둘러 기록한다. "드럼스틱 손가락, 시계유리 손톱." 그리고 그 아래에 적는다. "니코틴 남용, 만성 폐쇄성 기관지 질환 의심." 환자는 다리도 움직이지 못한다. 두 다리가 바깥쪽으로 틀어진 채, 팔과 똑같이 축 처져있다. 양발은 적갈색으로 변했고, 피부는 딱딱하게 굳은 것처럼 보이고, 발목은 부어서 복사뼈의 윤곽이 보이지 않는다. 키가 크지 않은 의사는, 꿈쩍도 않는 환자의 복부 너머로 왼쪽 부분을 보기 위해 애쓴다. 왼쪽에서 채혈 중이던 간호사가 잠깐 물러선다. 왼쪽 팔과 다리를 들어보고 움직여 보니, 오른쪽보다 근육 긴장도가 더 높다. 의사의 노력에 보답하려는 듯, 환자가 왼쪽 팔을 얼굴 쪽으로 당겨 머리를 긁적인다.

"선생님, 시작해도 될까요?" CT 촬영대에서의 재빠른 진찰이 1분도 채 걸리지 않았음에도 X선 촬영기사가 벌써 초조해하며 재촉한다. "하나만 더요!" 간호사가 외친다. 채혈이 끝나고 간호사와 의사가 출입통제실에서 나오자마자, CT 촬영대가 뒤로 움직여, X선 촬영이 시작된다.

슈미트 박사는 CT 촬영실 의자에 풀썩 앉아 서류들을 정리하고, 메모지를 들고 전보를 보내듯 휴대전화로 과장의사에게 간략히 보고한다. "혈전용해술 예상됨, 68세, 완전 언어상실증, 오른쪽 편마비, 왼쪽으로 고정된 머리와 시선. 심장수술, 당뇨, 고혈압 외 여러 병력 있음, 가족 부재. 쓰러졌지만 머리에 특별한 외상은 보이지 않습니다. CT 촬영 마쳤습니다. 지금 보시겠습니까?" 슈미트 박사는 과장의사의 대답을 기다리지 않고 재빨리 뇌졸중 병동의 노란색 입원시류를 작성한다. 미리 준비된 뇌졸중 강도 검사지를 재빨리 기입하고 점수를 계산해 본다. "20점.

매우 위중한 뇌졸중!" 검사지 점수는 0부터 46까지인데, 숫자가 높을수록 위중하다.

그사이 CT 결과가 나왔고 과장의사와 방사선과 의사도 왔다. 그들은 특히 좌뇌를 자세히 살핀다. 뇌 조직 또는 뇌와 두개골 사이에 환한 부분이 없으므로, 급성 출혈 가능성이 배제된다. 그다음 뇌 구조를 살핀다. 한 층, 한 층. 신경다발이 아래쪽 뇌줄기와 척수 방향으로 향하는 어두운 골수층 바깥에서, 대뇌피질이 약간 더 밝은 띠 형태로 두드러진다. 부풀어 오른 부위는 없고, 이른바 척수-피질 경계는 모두 정상이다. 그다음 뇌 깊은 곳에 있는 신경다발인 이른바 기저핵, 렌즈핵, 꼬리핵, 시상, 모두 잘 분리되어 있다.

"출혈 없고, 경색 징후도 없습니다. 뭔가 보이세요?" 슈미트 박사가 과장의사와 방사선과 의사에게 몸을 돌린다. "아니요, 하지만 중뇌에 뭔가 있네요." 방사선과 의사가 대답하고, 두개골 상부의 소시지 모양의 하얀 구조를 가리킨다. "더 긴 혈전이 있어요." 방사선과 의사가 덧붙이고, 혈전에 의한 중대뇌동맥 폐색을 의심한다. "그렇군요." 과장의사가 말하고 다시 환자에게로 향한다. 그사이 환자의 정맥에 연결한 캐뉼라를 통해 조영제가 주입되었고 다시 튜브에서 뭔가가 배출된다. 과장의사가 환자에게 몇 마디 말을 시키고 잠깐 진찰한 후, 슈미트 박사의 보고가 모두 맞음을 확인한다. 슈미트 박사는 그동안에 다시 혈압을 잰다. "195/100. 우라피딜을 주입하겠습니다!" 큰 소리로 보고하고 혈압을 낮추는 약을 환자의 팔에 연결된 정맥 캐뉼라에 천천히 주입한다.

환자가 조영술을 받는 동안, 슈미트 박사가 간호사에게 혈전용해제 주입을 지시한다. "체중이 많이 나가니 9mg 전부 다, 일시에." — "네, 선생님. 그런데 응급실로 얼른 가봐야 해요. 신경과 응급환자가 벌써 두 사람이 와있는데, 한 명은 혈전용해술이 필요하다고 합니다." 슈미트 박사는 뇌졸중 병동에 바우어 씨 상황을 알리고, 혈전용해제 81mg과 주입장치를 추가로 가져오라고 지시한다. 몇 분 뒤, CT 혈관조영술이 끝났다. "경동맥 T 폐쇄. 좌측 고도 근위경동맥 협착증은 없네요." 과장의사가 방사선과 의사에게 설명하고 덧붙인다. "방사선과 과장의사에게 전해주세요." 환자는 좌뇌에 혈액을 공급하는 내경동맥 끝 부분이 완전히 막힌 상태다그림 1.

CT 혈관조영술이 끝난 직후, 슈미트 박사가 CT실로 뛰어들어 혈압을 다시 재고 175/90을 확인한 후 혈전용해제 9mg을 일시에 투여하고, 시계를 확인한 후 밖에 대고 외친다. "항고혈압제를 썼음에도 Door to needle time 21분!" — "슈미트 선생, 오늘 아침 시작이 좋군요." 과장의사가 밖에서 축하하듯 대답한다. 'Door to needle time'은 일종의 신조어로, 환자가 도착하여 혈전용해술을 시작하기까지 걸린 시간을 나타낸다. "혈관에 있는 혈전을 제거할 거니까, 환자 보호자에게 잘 설명해 주시고 나머지를 잘 살펴주세요."

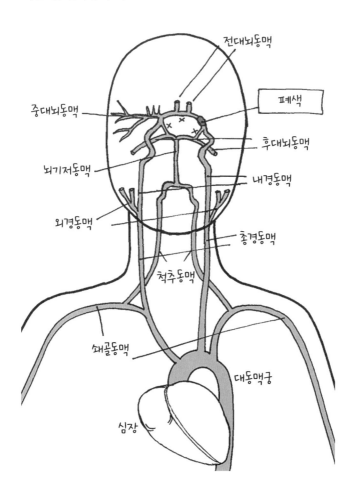

그림 1 : 뇌의 혈류

뇌의 혈액 공급은 목 앞쪽의 두 내경동맥과 뒤쪽 경추를 지나 뇌에서 기저동맥과 합쳐지는 두 척추동맥을 통해 이루어진다. 뇌 대부분에 혈액을 공급하는 중대뇌동맥과 전대뇌동맥은 내경동맥에서 출발한다. 기저동맥은 위로 올라가면서 뇌줄기(혈류 및 호흡 조절의 중추)의 중요한 구조에 혈액을 공급한다. 척수로 향하는 모든 경로가 뇌줄기를 통과한다. 기저동맥 끝에서 후대뇌동맥으로 갈리는데, 후대뇌동맥은 주로 머리 뒤쪽의 시각 영역에 혈액을 공급한다. 인간의 뇌 혈류에서 특별한 점은, 다양한 혈액 공급로가 두개골 기저에서, 이른바 윌리스 환(17세기 의사이자 해부학자인 토마스 윌리스Thomas Willis의 이름을 딴 것으로, 그림에서는 x로 표시되었다)을 통해 서로 연결된다는 것이다. 뇌에 혈액을 공급하는 굵은 동맥 중 하나가 막혔을 때, 윌리스 환이 혈류 장애로부터 뇌를 보호한다. 그러나 모든 사람의 윌리스 환이 완벽하게 발달한 것은 아니어서, 한쪽의 혈류가 감소할 때 그것을 보충할 가능성은 사람마다 매우 다르다. 그림에서는 좌측 내경동맥의 끝 지점이 막혔다.

뇌는 산소와 영양 부족에 가장 민감하게 반응하는 기관이다. 혈액 공급이 완전히 중단된 후 약 10초면 벌써 뇌 기능이 멈추고 환자는 의식을 잃는다. 4~5분이 지나면 뇌세포가 죽기 시작하고 뇌 조직 구조가 돌이킬 수 없이 손상되고, 뇌경색으로 이어진다. 대뇌에 혈액을 공급하는 가장 중요한 중대뇌동맥에 혈류가 부족하면, 1분에 수백만 개씩 뇌세포가 죽는다. 그러므로 뇌동맥이 막혀 있는 시간은 당연히 가능한 한 짧아야 한다.

혈전은 혈류 어디에서나 늘 생기기 마련이다. 혈전은 꼭 필요한 존재인데, 특히 혈관이 손상될 경우 혈전이 있어야 위험한 출혈을 막아 생명을 지킬 수 있다. 건강한 상태에서는 혈전의 생성과 용해가 적절한 균형을 유지한다. 혈전을 용해하는 데는 인체 자체 단백질인 조직-플라스미노겐 활성인자(tPA)가 특히 중요하다. tPA가 혈액단백질 플라스미노겐을 쪼개면 거기서 플라스민이 생성되어 혈전을 녹인다. 뇌혈관이 막히면 인체 자체의 용해 체계가 재빨리 작동하여 혈전을 녹이고 막힌 곳을 뚫는다. 그러면 단 몇 초, 몇 분 안에 정상으로 돌아온다. 이것을 '일과성 허혈 발작(TIAs)'이라고 부른다. 그러나 혈전을 재빨리 녹이는 데 실패하는 경우가 더러 생기고, 그러면 뇌졸중이 된다.

1990년대 이후로 인공합성 tPA 사용이 뇌졸중 치료를 혁신했다. 미국의 한 연구와 나의 옛 스승 베르너 하케**Werner Hacke** 교수의 두 연구에 따르면, 뇌졸중 증상이 시작된 지 세 시간 이내에 인공합성 tPA(재조합된 tPA라는 뜻으로 rtPA라고 표기하기도 한다)를 투여하면, 환자의 신경 결손이 명확히 개선된다. 나중에 입증된 바에 따르면, 이런 혈전용해술은 뇌졸중이 시작 된 지 네 시간 반까지도 효과가 있다. 최근 연구에서 밝혀졌는데, 뇌 조직의 혈류량이 적고 죽은 조직이 거의 없다면, 더 늦게라도 그리고 시간이 얼마나 지났는지 알 수 없을 때도 혈전용해술이 효과가 있을 수 있다. 성공적인 혈전용해술로 환자에게 장애가 남지 않게 치료할 수 있다.

치료 후 장애가 전혀 없거나 아주 가벼운 결손만 남는 사례가 점점 많아지고 있다. 그러나 애석하게도 이 치료는 치명적으로 진행되는 뇌졸중의 수를 줄이지는 못한다. rtPA 투여가 막힌 혈관 쪽으로의 출혈을 유발하는 일이 드물지 않기 때문이다. 그러므로 rtPA를 이용한 혈전용해술은 풍부한 의료 경험이 요구된다. (아스피린을 제외한) 항응고제를 복용했는지, 출혈이 잦은 체질인지, 최근 뇌졸중 경험이 있는지 등, 필요한 금기 사항을 신속하게 파악해야 하고, 두개골 CT 역시 경험 많은 의사가 보고 판단해야 한다.

바우어 씨처럼 혈압이 아주 높으면 혈전용해술 전에 혈압부터 충분히 떨어트려야 한다(최대 180/95까지). 혈전용해술은 뇌졸중에서 축복의 성과이다. 이 치료법 덕분에, 신경과 의사들이 은어처럼 '허무주의'라고 부르는 상태, 즉 아무것도 하지 못하고 손 놓고 있어야 하는 상태가 사라졌다. 혈전용해술은 빠르면 빠를수록 그 효과가 좋다. 그러므로 뇌졸중 증상이면 지체하지 말자!

혈전용해술의 성공 여부는 재빠른 조치와 잘 작동하는 구급체계에 달렸다. 환자나 가족은 주치의나 가까운 병원이 아니라 곧바로 지체 없이 구급대에 알려야 한다. 구급대는 혈전용해술이 가능한 가장 가까운 병원으로 환자를 최대한 빨리 이송해야 한다. 이송 중에 미리 환자의 상태를 병원에 알려 모든 프로세스가 최적으로 진행될 수 있게 해야 한다. 오늘날 환자가 병원에 도착한 후 대개 30분 이내에 혈전용해술이 진행되고, 심지어 20분 이내도 드물지 않다. 병원은 치료의 질을 개선하기 위해 이때 걸린 시간을 측정하여 기록한다. 다른 병원의 측정 기록이 의사들에게 익명으로 제공되고, 의사들은 자신의 기록과 비교해 볼 수 있다.

오늘날 어떤 병원에서는 뇌졸중 환자의 25퍼센트 이상을 혈전용해술로 치료하는 데 성공한다. 큰 발전이다. 그러나 모든 환자가 이 치료법에 적합한 건 아니다. 아주 가벼운 증상이면, 비록 작지만 그럼에도 존재하는 출혈 위험 때문에, 혈전용해술을 쓰지 않는다. 무엇이 가벼운 증상이고 무엇이 무거운 증상이냐는 개별적으로 환자나 보호자와 함께 재빨리 확정해야 한다. 예를 들어 가벼운 소근육 장애라도 음악가라면 무거운 증상일 수 있고, 가벼운 언어장애라도 교사라면 직업적 이유에서 중요할 수 있다.

카테터 시술

신경과 과장의사와 방사선과 과장의사는 금세 의견이 일치했다. 바우어 씨는 카테터를 이용해 물리적으로 뇌동맥을 뚫어야 한다. 정맥에만 쓸 수 있는 혈전용해술은 성공 전망이 높지 않다. 큰 혈관이 막혔고, CT와 혈관조영술이 말해주듯이 동맥이 아주 길게 막혔기 때문이다. 동맥을 재빨리 뚫지 못하면, 생명을 위협하는 위급한 뇌경색이 올 수 있다. 신경과 과장의사가 말한다. "환자의 협조를 기대하기 어렵고, 가벼운 안정제로는 안 됩니다. 삽관과 전신마취가 필요해요. 보호자의 동의도 받아야 하고요." ― "알겠어요. 우리는 수술 준비를 모두 마쳤습니다." 방사선과 과장의사가 대답한다.

바우어 씨는 먼저 중환자실에서 가장 가까운 수술실로 옮겨진다. 그곳에서 혈전용해술이 총 한 시간 넘게 진행된다. 중환자실의 신경과 담당의사가 환자를 다시 한번 진찰하지만, 상태의 호전이 확인되지 않는다. 혈액검사 결과가 나왔다. 혈당수치가 높고, 염증수치도 감염 때처럼 높고, 신장 기능 역시 살짝 저하되었다. 서둘러 삽관을 진행한다. 환자의 덩치로 볼 때 결코 쉽지 않은 일이지만 성공적으로 기관지 안에 호흡관을 넣어 인공호흡을 시작한다. 그동안에 중환자실 간호사가 소변줄을 달았다. 그사이 슈미트 박사가 왔다. "보호자와 통화했는데 환자는 혼자 살고 자식은 없습니다. 혼자 힘으로 아무 문제 없이 잘 지냈다고 합니다. 사전 의향서를 작성했는지는 모르지만, 분명 혼자 힘으로 계속 살 수 있다면 어떤 치료든 다 받기를 원했을 거랍니다."

9시 30분. 뇌졸중 시작 후 두 시간 반 만에 바우어 씨는 카테터실, 혈관조영술실로 옮겨졌다. 과장의사 벤더 교수가 무거운 납 앞치마 위에 파란색 수술복을 입고, 머리에는 모자, 입에는 마스크를 장착하고 그곳에서 환자를 기다리고 있다. 그는 환자의 사타구니에서 굵은 동맥에 구멍을 내고, 연필 끝보다 가느다란 카테터라는 얇은 호스를 구멍 안으로 밀어넣는다. 카테터는 골반동맥을 지나 굵은 대동맥에 도달하여 신장동맥과 장동맥을 지나 심장 위의 대동맥궁까지 갔다. 뇌에 혈액을 공급하는 동맥이 그곳에서 출발한다. 조영제가 카테터 위치와 목표 동맥의 위치를 보여준다. 좌뇌와 얼굴의 왼쪽 절반에 혈액을 공급하는 동맥인 좌총경동맥은 대동맥궁에서 출발하여 목 부분에서 뇌를 위한 내경동맥과 얼굴을 위한 외경동맥으로 각각 다른 높이에서 갈린다. 뇌에 혈액을 공급하는 내경동맥이 심하게 좁아지거나 막히면, 외경동맥이 특별한 우회로를 통해 부분적으로 뇌에 혈액을 공급할 수 있다.

벤더 교수는 차분히 그러나 빠르게 일한다. 벌써 카테터가 내경동맥 출구까지 전진했다. 이 동맥의 끝 지점이 여전히 막혀 있음이 혈관조영술 사진에 나타난다. 중대뇌동맥과 전대뇌동맥에는 막힌 곳이 없다. "경동맥 T 폐쇄." 그가 알린다.

시계를 보니 9시 49분이다. 먼저 카테터로 혈전을 빨아들이려 시도하지만 실패. 그다음 이른바 마이크로카테터를 혈전 안으로 밀어 넣어 티타늄 꼭지가 혈전에 놓이게 한다. 이어서 스텐트라는 가느다란 철망을 펼쳐 혈전에 고정한다. 스텐트는 호스 밖으로 밀려나가자마자 펼쳐져 바늘을 혈전 안으로 밀어넣는다. 이 스텐트를 이용해 혈전을 혈관 밖으로 꺼내는 것이 목표다.

10시 직전에 첫 번째 시도를 시작했다. 첫 번째 시도에서 경동맥의 끝 지점과 전대뇌동맥의 출구를 확보하는 데 성공했다. 대뇌동맥이 열렸다는 것은, 오른쪽 다리의 중증 마비가 개선될 확률이 높다는 뜻인데, 이 동맥이 뇌의 정중선 근처에 있는 다리 담당 영역에 주로 혈액을 공급하기 때문이다3장 그림 8(85쪽) 참조. 첫 부분적 성공! 그러나 대뇌 절반 대부분에 혈액을 공급하는 중대뇌동맥은 여전히 막혀있다.

두 번을 더 시도한 끝에 중대뇌동맥을 여는 데도 성공했다. 최종 혈관 사진을 확인하니, 한두 개의 작은 동맥가지들이 여전히 막혀있다. 혈관 폐색이 발생할 때 위로 향하던 혈전이 막혀있는 것이리라. 혈전 자체를 제거하는 이른바 '기계적 혈전제거술' 역시 동맥가지에 작은 색전증을 일으킬 수 있다. 작은 혈관의 이런 폐색을 막기 위해, 앞서 전진하는 카테터에는 가벼운 흡입구가 있다. "끝! 주요 통로는 열렸어요." 벤더 교수가 10시 30분 직전에 방사선과 과장의사에게 외쳤다. "애석하게도 작은 막힘 한두 개가 남았지만, 더 큰 폐색은 없습니다." 벤더 교수는 시술 결과에 대체로 만족하지만, 완전히는 아니다.

· · · · · ·

중환자실에서

이어서 환자는 중환자실로 옮겨진다. 수술 끝에 이미 인공 코마 상태가 완료되고, 환자는 점점 더 많이 스스로 호흡하여 곧 호스가 제거될 수 있었다. 환자는 아직 매우 지쳐있고, 동작도 느리고, 언어능력은 아직 충분히 평가될 수 없다. 하지만 환자는 눈을 뜨거나 감기, 왼쪽 손에 힘주기 같은 간단한 지시를 따랐다. 두 다리는 똑같이 움직여졌고, 근육 긴장도 역시 똑같이 높아졌다. 반면 오른쪽 팔은 왼쪽보다 더 힘이 없어 보이고, 오른쪽 팔은 아직 움직여지지 않는다. 체온은 38.5도까지 오르고, 폐렴이 의심된다. 첫날부터 항생제 치료가 시작되고, 물리치료사들이 첫째 날에 벌써 환자의 모든 팔다리를 움직인다.

다음 날 아침, 뇌 MRI를 찍는다. 대뇌피질 영역에서 더 작은 폐쇄 두 곳이 보인다. 두 폐쇄 중 하나를 그림 2에서 볼 수 있다. 벤더 교수의 예상처럼, 큰 폐쇄는 없었지만, 더 작은 동맥의 폐쇄가 뇌졸중을 일으켰다.

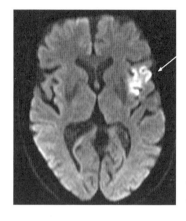

그림 2 : 좌뇌 앞부분의 급성 뇌
졸중(화살표)

뇌졸중의 원인

응급치료 직후 뇌졸중의 원인을 찾기 시작한다.

CT나 MRI 없이 신체 진찰만으로 뇌출혈과 혈관폐쇄 뇌경색
(허혈성 뇌경색 또는 뇌졸중)을 구별하기는 불가능하다. 그러므
로 뇌졸중의 경우, 가장 먼저 CT나 MRI를 촬영한 후 어떤 치료
를 할지 결정한다.

그러나 허혈성 뇌경색도 원인이 다양하다. 그러므로 예방적
치료를 확정하기 전에 원인을 발견해야 한다. 허혈성 뇌경색은

심장마비의 자매 질환으로 통하는데, 둘 다 급성 혈관 폐쇄에서 비롯되기 때문이다. 거의 모든 심장마비의 경우, 혈관 손상에 의한 동맥경화로 인해 혈관 협착(좁아짐)이 일어나고 이곳에 갑자기 혈전이 생기면서 급성 관상동맥 폐색을 유발한다. 뇌졸중의 경우 이런 메커니즘이 다시 작동하지만, 그것은 크게 중요한 구실을 하지 않는다.

뇌졸중에서는 혈전이 뇌동맥으로 흘러 들어가는 이른바 색전증이 훨씬 더 중요하다. 이런 색전증의 가장 중요한 원천은 심장이다. 이른바 '심방세동'이라는 위험한 부정맥이 색전증의 80퍼센트 이상을 만든다. 심방세동이란 무엇일까? 건강한 심장 리듬을 만드는 것이 바로 동방결절인데, 이것이 두 심방과 심실에 전기신호를 보내 심장의 모든 부위가 동시에 작동하게 한다. 심방세동의 경우, 동방결절이 작동하지 않아 심방이 정상적으로 자극되지 않고, 두 심실로 보내는 자극전달 역시 비정상적인 방식으로 이루어진다. 그것이 부정맥으로 이어진다. 어떤 사람들은 개별 상황에서 이런 맥박의 불규칙성을 감지하지만, 대부분은 경고신호 없이 닥친다. 심전도를 통해서만 심방세동을 진단할 수 있다.

대다수 환자는 영구적이 아니라 이따금 나타나는 심방세동(발작성 심방세동)을 갖는다. 대규모 연구들이 보여주듯이, 이런 발작성 심방세동은 영구적 심방세동 못지않게 위험하다.

아마도 동방결절 리듬이 심방세동으로 전환할 때 특히 위험하기 때문이리라. 색전증에 의한 뇌졸중이 의심되는 환자라면, 더 긴 심장박동 분석을 통해 이런 발작성 심방세동을 식별해내야 한다. 수많은 최신 연구들이 보여주듯이, 더 집중적으로 찾을수록 더 빈번하게 심방세동이 확인될 수 있다. 그리고 심방세동을 찾는 것은 매우 중요한데, 심방세동이 있을 때의 예방법과 없을 때의 예방법이 매우 다르기 때문이다.

심방세동은 주로 노년에 빈번하다. 허혈성 뇌졸중의 20~25퍼센트가 이런 심장 부정맥에서 비롯된다! 또한, 뇌경색의 약 5퍼센트는 심장의 다른 질환이 원인인데, 예를 들어 혈전이 생길 수 있는 심장근육 손상과 거기서 생기는 팽창(동맥류) 또는 심장 판막에 생긴 침전물이 뇌경색으로 이어질 수 있다.

뇌졸중의 또 다른 중요한 원인은 뇌에 혈액을 공급하는 동맥, 특히 목에 있는 내경동맥의 경화에 의한 협착이다. 동맥경화는 혈전을 생성하여 색전증을 유발하거나 협착에 의한 혈류 약화로 경색을 일으킬 수 있다. 뇌혈관에 쌓인 침전물 역시 동맥의 협착이나 폐쇄의 원인일 수 있다. 그러면 큰 동맥에서 갈라져 나온 중간 크기의 동맥에 혈류 장애가 생기고, 동맥경화 침전물에 의해 출구가 막힌다.

뇌졸중의 마지막 빈번한 원인은 지름 0.1mm 이하의 작은 뇌동맥이 막혀서 생기는 경색이다. 이런 경색을 '열공lacuna'이라고 부른다. 이런 열공이 여러 번 발생하거나 백색질에 광범위한 변화가 있는 경우, 소혈관 질환 또는 '대뇌 미세혈관병증'이라고 부른다. 대뇌 미세혈관병증은 애석하게도 오늘날 국민질환이 되었다. 이것이 항상 뇌졸중 형태로 나타나는 것은 아니다. 눈에 띄지 않게 만성적으로 천천히 진행되어 결국 보행 장애 및 정신 능력 저하를 야기하는 경우가 드물지 않다. 이런 환자는 걸음걸이가 불안하고 보폭이 짧으며 발이 땅에서 거의 떨어지지 않고 자주 넘어진다. 노년에 흔한 파킨슨병이나 정상압수두증 때도 이런 보행 장애가 나타나기 때문에, 뇌졸중 때의 보행 장애를 이때의 보행 장애와 구별하기가 항상 간단하진 않다7장 치매와 10장 파킨슨병 참조. 소혈관 질환 환자의 정신 능력 저하는 주로 단계적으로 진행된다. 새로운 장애가 계속해서 등장하고 다음 날에 다시 부분적으로 좋아지고, 특히 밤에 드물지 않게 착란을 일으킨다.

열공 경색은 큰 혈관이 원인인 뇌졸중보다 더 가벼울까? 대부분 그렇지만, 열공 경색이 심할 경우 중대한 장애를 유발할 수 있다. 대뇌피질에서 출발한 혈관이 뇌줄기 쪽으로 내려가기 직전 뇌 깊숙한 곳의 아주 비좁은 자리가 있는데, 이른바 '내부 캡슐Capsula interna'이라는 이 자리에 생기는 열공 경색이 그 사례이다. 이곳에서 미세한 팽창으로 생긴 작은 경색에도 벌써 심한 편마비가 올 수 있다.

드문 원인

앞에서 설명한 세 가지 주요 원인 이외에도 여러 드문 원인이 있는데, 그것은 전체 사례의 2~3퍼센트도 채 되지 않는다. 특히 젊은 환자의 경우 뇌에 혈액을 공급하는, 목 부위의 큰 동맥에 균열, 즉 박리가 발생할 수 있다. 이때 혈액이 혈관 벽으로 스며들어 협착 또는 폐색을 일으킨다. 박리의 원인은 사고 또는 목이나 기관지 상부의 급성 감염일 수 있는데, 유전적 요인 역시 중요한 역할을 한다.

류머티스 질환, 매독, 에이즈, 라임병의 혈관염 그리고 파브리병 같은 희귀 대사질환도 뇌졸중을 유발할 수 있다. 태아기에 우심방과 좌심방 사이가 뚫려 있다가 출생 후 닫히는데, 약 15~20퍼센트는 이런 심방벽 구멍이 닫히지 않고 계속 뚫려있다. 젊은 뇌졸중 환자에게서 심방벽 구멍이 발견되는 경우가 많다. 그러나 이 구멍의 의미가 종종 과대평가되어 작은 우산이 달린 카테터로 구멍을 닫는 시술이 너무 자주 실행된다. 몇몇 환자들은 이 구멍을 닫았음에도 나중에 뇌졸중이 재발하고, 그제야 심방세동 같은 다른 원인이 밝혀진다.

80세 이상의 뇌졸중 환자는 여성이 남성보다 많은데, 그 이유는 단지 고령 남성보다 고령 여성이 더 많기 때문이다. 그러나 35세 미만의 젊은 세대에서도 여성이 남성보다 더 빈번하게 뇌졸중을 겪는다. 비록 이 연령대에 뇌졸중을 겪는 일이 다행히 드물지만 말이다. 젊은 여성의 경우 특히 비만, 흡연, 피임약 복용, 편두통(시야 흐림 같은 전조 증상이 있는 편두통)의 조합 그리고 마비 전조 증상은 매우 나쁜데, 이런 조합이 혈전증을 촉진하기 때문이다.

. . . . . .

뇌졸중 병동에서

바우어 씨의 혈액순환과 호흡은 안정적이다. 그러므로 다음 날 아침에 바로 뇌졸중 병동으로 옮겨질 수 있다. 그곳에서 그는 계속해서 모니터링되고 맥박, 혈압, 호흡 빈도, 산소포화도, 혈당, 체온이 철저히 검사된다. 뇌졸중 병동 입원을 위한 진찰이 진행된다. 병동 담당의사가 환자의 오른쪽으로 가서 인사를 한다.

"안녕하세요, 바우어 씨. 저는 자이트입니다. 이곳은 뇌졸중 병동입니다. 바우어 씨는 어제 뇌졸중이셨어요. 이제 어떤지 좀 볼게요." 바우어 씨의 고개는 똑바로 돌아왔지만 시선은 여전히 살짝 왼쪽을 향해 있다. "바우어 씨, 저를 좀 봐주시겠어요?" 환자는 두 번, 세 번 요청을 받은 뒤에야 두 눈을 의사 쪽으로 돌린다. 놀란 시선이 갈 곳을 잃고 방황한다. "바우어 씨, 제가 보이세요?" 환자가 천천히 끄덕인다. "제가 안경을 썼나요?" 환자가 다시 끄덕인다. "바우어 씨, 이름이 뭐예요?" 한참 뒤에 대답이 나온다. "을...폰스." 목소리에 기운이 없고, 발음이 불명확하며, 철자를 더듬더듬 하나씩 조합해야 하는 것처럼 단어 하나를 말하기가 몹시 힘겹다. "그래요, 알폰스 바우어. 잘 했어요. 그럼 올해 몇 살이죠?" 다시 짧은 고민. "유...시...프." — "맞아요, 68세. 여기가 어디죠?" — "루드스...흐픈." 이번엔 제법 빨리 답한다. "루트비히스하펜에 사세요?" 환자가 끄덕인다. "지금이 몇 월이죠?" — "시...시비...월." 환자의 오른쪽 입꼬리에서 침이 흘러내린다. "맞아요, 그럼 무슨 요일일까요?" 자이트 박사가 수건으로 침을 닦아낸다. "모...고...일." — "거의 맞혔어요. 목요일에 뇌졸중이 있었고, 오늘은 벌써 금요일입니다. 병원에서 요일을 맞히기는 쉽지 않죠. 이제 시야를 확인해 볼게요. 제 코끝이 보이나요? 제 손가락이 흔들리는 게 보이나요?" 바우어 씨가 끄덕인다. "잘 보세요. 제 손가락이 어느 쪽에서 움직이는지 말해보세요." — "오르...쪽. — 외쪽. — 오르...쪽. — 오르-...쪽 외쪽. — 양쪽 다." — "아주 좋아요." 환자는 위와 아래, 오른쪽과 왼쪽, 한쪽과 양쪽 모두에서 자극을 인식했다. "아주 좋아요. 잘 보시네요." 그리고 의사가 혼잣말로 확인한다. "반맹 없고, 사분맹도 없고."

자이트 박사는, 이런 간단한 방법으로 시야에 큰 소실이 없고 공간의 일부를 보시 못하는 증상도 없음을 확인할 수 있다고 설명한다. 이어서 시선의 움직임을 검사하기 위해 환자에게 눈으로 검지를 따라오게 시킨다. 환자는 양쪽 모두 어려움 없이 의사의 검지를 잘 따라간다. 사물이 겹쳐 보이냐고 묻자 환자는 아니라고 한다. 자이트 박사는 두 동공의 크기와 형태를 확인하고 펜라이트를 꺼내 동공의 빛 반응을 검사한다. 그다음 면봉으로 조심스럽게 환자의 얼굴을, 먼저 오른쪽 그다음 왼쪽 그리고 양쪽을 동시에 문지른다. 환자가 양쪽 모두에서 같은 느낌이 있다고 답한다. 약간 아프게 자극했을 때 역시 감지했고, 나중에 진행한 민감도 검사에서도 신체 양쪽 모두 별다른 이상이 없다.

숨을 내쉴 때 입의 오른편으로 더 많이 숨이 배출되고, 오른쪽 입꼬리에서 침이 흐르고, 오른쪽 눈꺼풀이 왼쪽보다 약간 더 높이 올라가고, 볼에 바람을 넣으면 오른쪽 뺨이 더 약하게 부풀고, 눈을 감으면 오른쪽이 더 약하게 감긴다. 이 모든 것이 오른쪽 중추성 안면 마비의 특성이다. 바우어 씨는 이마를 양쪽에서 똑같이 찌푸릴 수 있다. 말초 안면신경은 마비되지 않았다는 표시다. 청력은 정상이다. 환자는 혀를 똑바로 내밀 수 있고 어려움 없이 양방향으로 자유롭게 움직일 수 있다.

자이트 박사는 설압자와 펜라이트로 환자의 입안을 살핀다. 입천장은 대칭이고, 발음할 때 연구개가 중간으로 올라가고, 면봉으로 살짝 자극하자 약한 구토 반사가 생기고, 목구멍에 침이 없고, 삼키는 데 어려움이 없다. 자이트 박사가 환자에게 물을 주고 청한다. "아주 조심스럽게 한 모금만 마시세요." 바우어 씨가 끄덕이고 아주 조금 마신다. "어때요, 괜찮아요?" — "네, 아주 좋아요." 목소리가 깨끗하다. 인후에 물이 남아있지 않다는 표시다. "삼킴 장애 없음." 자이트 박사가 옆에 선 간호사에게 확인한다. "그래도 오늘 아침 당장, 식사 전에 언어치료사가 더 자세히 검사해야 합니다." — "이미 신청해 뒀습니다." 간호사가 대답한다.

바우어 씨는 요구하는 대로 양팔을 잘 올릴 수 있다. "양팔을 이 위치에 두고 눈을 감으세요." 약 10초 이내에 오른쪽 팔이 몇 센티미터 내려오고, 위를 향했던 손바닥이 새끼손가락 방향으로 돌아간다. "팔이 내려오고, 내전 경향 있음." 의사가 기록한다. 이것은 오른쪽 팔이 마비될 위험이 잠재한다는 뜻이다. 의사는 양팔의 힘을 검사하고, 오른쪽 손가락을 뻗고 펼치는 데 약간의 제한이 있음을 발견한다. "피아노를 쳐보세요." 의사가 요청하자 환자가 손가락을 빠르게 움직여 보인다. "피아노가 없어서…" 바우어 씨가 중얼거린다. "그렇네요, 하지만 상상력은 좀 있으시죠? 자, 허공에서 짧게 알레그로를 쳐보세요. 손가락이 잘 움직이는지 보려는 겁니다." 오른쪽 손가락의 움직임이 왼쪽보다 확실히 느리고, 손의 회전 동작과 다른 동작들도 오른쪽이 왼쪽보다 더 느리다. "오른쪽 손가락 소근육 운동과 연속적 교호 반복 운동이 느려짐." 자이트 박사가 기록한다.

두 다리의 힘은 정상이다. 자이트 박사는 신경외과에서 가장 유명한 도구인 반사망치, 그러니까 타진기로 반사 반응을 검사한다. 팔 반사는 무릎 반사와 마찬가지로 양쪽 모두 정상이다. 아킬레스건의 반사만 나타나지 않는다. 의사는 중환자실에서 보낸 진단 목록을 다시 한번 읽어본다. "동맥 고혈압, 당뇨병, 니코틴 남용, 관상동맥 질환, ACVB(관상동맥 우회술) 상태, COPD(만성 폐쇄성 호흡기 질환)." 자이트 박사는 다시 면봉을 들어 환자의 양쪽 발가락을 건드린다. "느껴지세요?" 바우어 씨가 고개를 젓는다. "느낌이 사라지는 순간, '지금'이라고 말해주세요." 자이트 박사는 면봉으로 먼저 오른쪽 그다음 왼쪽 다리를 따라 위에서 아래로 문지른다. 양쪽에서 환자는 복사뼈 아래에서 '지금'이라고 외친다. "당뇨병의 다발성 신경병증 의심됨." 자이트 박사가 진단 목록에 추가한다. 경험 많은 레지던트로서 자이트 박사는 몇 번의 검사로 환자의 다리 신경 손상을 확인한다. 아킬레스건 무반사와 발의 무감각이 그것을 말해준다. 추가 검사는 포기해야 한다.

뇌졸중 병동에서는 늘 시간이 부족하다. "장기 혈당수치를 알고 계세요?" 바우어 씨는 놀란 얼굴로 의사를 빤히 보다가 고개를 젓는다. "좋아요. 그럼 진찰을 마저 진행하죠. 눈을 감고 오른쪽 검지를 코끝으로 가져가세요. 좋아요, 이제 왼쪽. 좋습니다. 이제 오른쪽 다리를 올리고 오른쪽 뒤꿈치를 왼쪽 무릎에 올리세요. 잘하고 있어요. 이제 곧바로 오른쪽 다리를 왼쪽 정강이

뼈를 따라 아래로 옮겨주세요." 환자는 두 검사 모두 정확히 해 낸다. "아주 잘 하셨어요. 말할 때만 약간 어눌할 뿐, 알아듣는 데는 아무 문제 없으시죠?" 바우어 씨가 끄덕인다. "이제 마지막 으로 언어를 조금 더 상세하게 검사해봅시다. 이 물건이 뭔지 말 해보시겠어요?" 자이트 박사가 가운 주머니에서 작은 검사판을 꺼내, 거기에 그려진 다양한 그림을 보여준다. 바우어 씨가 애쓴 다. "기...터, 아니 기잇...터, 아니, 아니, 깃...털. 서언...장, 아니, 아 니, 서인...장, 젠장... 선인...장." ― "좋아요, 괜찮아요, 나쁘지 않 아요. 잘못 말하면 스스로 알아차리고 고칠 수 있으니 언어치료 사가 힘들지 않겠어요. 마지막 검사 하나만 남았네요."

자이트 박사가 검사판을 돌려 환자에게 짧은 장면을 보여준 다. **두 아이가 부엌의 선반에서 과자를 꺼내먹으려 한다. 남자아 이가 사다리에 올랐는데 사다리가 넘어지면서 과자통과 함께 바 닥에 떨어졌다.** "바우어 씨, 무슨 일이 벌어졌는지 설명할 수 있 겠어요?" 환자가 카드를 들고 그림을 가리킨 채 가만히 있다. 자 이트 박사는 인내심을 가지고 기다리지만 무한정 기다릴 순 없 다. "바우어 씨..." ― "네, 네, 그러니까, 아이들, ... 아이들이 놀 라요, 아니, 아니, 아이들이 놀...아요, 음, 아이들이 놀... 놀... 아 이들이 넘어져요. 이런 젠장." 바우어 씨는 조바심을 내며 자기 자신에게 화를 낸다. "괜찮아요, 잘했어요. 시작치고는 아주 잘 했어요. 어제만 해도 말을 전혀 못했고 알아듣지도 못했어요. 오른쪽이 완전히 마비상태였는데, 오늘 벌써 많이 좋아졌네요. 언어치료를 받으면 말은 좋아질 거예요. 아주 낙관적이에요. 어제는 운이 정말 좋았어요. 그렇게 빨리 병원에 왔고 대뇌동맥의 막힌 곳을 빨리 뚫을 수 있었으니까요. 이제 좀 쉬세요."

"브로카 손상 표현 실어증." 자이트 박사가 기록한다. 프랑스 신경학자 폴 브로카Paul Broca는, 1차 세계대전에 참전하여 뇌 앞부분의 특정 영역, 이른바 '브로카영역'을 다친 군인에게서 전형적인 언어 장애 유형을 발견했다. 이런 유형의 특징은 표현에만 장애가 있고 이해하는 데는 아무 문제가 없다. 말하고 싶은 욕구가 크게 감소하고 아주 짧은 문장으로 아주 단순하게 말한다. 그래서 '전보 형식'이라 부르기도 한다. 문법이 종종 틀리고, 힘들게 단어를 찾고, 단어의 발음이 종종 혼동된다. 브로카 실어증 환자는 대개 자신의 장애를 인식하고 그래서 몹시 괴로워한다.

실어증의 또 다른 주요 유형은, 1874년 독일 신경학자이자 정신과 의사인 칼 베르니케Carl Wernicke가 처음 설명한 '베르니케 실어증'이다. 이 실어증에서는 이해하는 데 큰 장애가 있다. 환자는 열심히 말하지만 청자가 거의 또는 전혀 이해하지 못하는데, 자음을 바꿔 이상한 단어를 만들거나, 비슷한 단어로(나무 대신 덤불) 또는 전혀 상관 없는 단어로(모자 대신 냄비) 바꿔 사용하기 때문이다. 베르니케 실어증 환자는 해당 언어에 존재하지 않는 단어들, 이른바 자기만의 신조어를 만들어 사용한다. 부분적으로 아주 고유한 언어세계가 형성되고, 신경과에서는 그것을 '전용어'라고 부른다.

자신의 장애를 인식하지 못하는 베르니케 실어증 환자와 대화하기는 아주 어렵다. 베르니케 영역은 언어를 담당하는 뇌의 뒤쪽 상부 측두엽에 있는데, 오른손잡이는 거의 항상 좌뇌가 언어를 담당하고, 왼손잡이라도 주로 좌뇌가 언어를 담당한다. 베르니케와 브로카는 서로 밀접하게 연결되어 있다. 브로카 실어증과 베르니케 실어증이 합쳐진 이른바 복합 실어증도 있다. 실어증의 정확한 유형은 종종 여러 주가 지나서야 비로소 확정될 수 있다.

자이트 박사는 진찰 결과를 정리하여 기록한다. 뇌졸중의 중증도가 겨우 6점이다. 입원 당시 20점보다 훨씬 낮아졌다. 신경과 의사는 언어장애(=실어증)를 고차원적 뇌 기능 장애와 발음 장애로 세분한다. 바우어 씨처럼 둘 다인 경우도 드물지 않다.

바우어 씨는 입원 당시 매우 심각한 뇌졸중이었지만, 차츰 덜 심각한 상태로 바뀌었다. 왼쪽으로 돌아간 채 움직이지 않던 고개가 똑바로 돌아왔고, 언어 이해력도 정상이고, 얼굴 마비와 오른손의 쇠약 및 미세한 손놀림 장애만 남기고 오른쪽 편마비는 모두 사라졌다. 바우어 씨의 현재 가장 큰 문제는 실어증이다. 한 달 정도의 언어치료와 훈련이 필요할 것이다.

막혔던 전대뇌동맥을 빠르게 뚫은 덕분에 다리 기능이 팔 기능보다 더 잘 유지되었다. 편마비는 일반적으로 얼굴과 팔에 집중된다. 다리는 기본적으로 마비가 약하다. 그 이유는, 대뇌피질에서 다리를 담당하는 영역에 혈액을 공급하는 동맥은 전대뇌동맥인데, 이것은 팔과 얼굴 담당 영역에 혈액을 공급하는 중대뇌동맥보다 드물게 막히기 때문이다. 척수로 향하는 혈관과 대뇌피질에서 얼굴과 손이 차지하는 부분이 더 넓기 때문에 이 부위의 마비가 특히 빈번하다. 팔보다는 손에 마비가 더 강하게 오는데, 뇌에서 손 영역이 팔 영역보다 더 넓기 때문이다3장 그림 8(85쪽) 참조. 그러므로 뇌졸중 이후 가장 빈번한 마비는 팔다리의 끝부분 마비 그리고 팔과 얼굴에 강하게 나타나는 편마비이다.

. . . . .

뇌졸중 이후

며칠 이내에 환자는 뇌졸중의 원인을 밝히기 위한 일련의 검사를 받는다. 뇌에 혈액을 공급하는 목 부위와 뇌에 있는 큰 동맥을 초음파로 검사한다. 바우어 씨의 경우, 목 부위의 내경동맥에 침전물이 불규칙하게 쌓여있고 크고 작은 신호들이 다양하게 있지만, 혈류는 거의 빨라지지 않았고 이렇다 할 협착도 없다. 저장된 사진이 지질학을 연상시키지만, 당연히 지각변동으로 이런 모습이 생긴 건 아니다. 사진은 수십 년 동안 혈관 벽에 어떤 해로운 일들이 벌어졌는지 잘 보여준다. 고혈압, 흡연에 의한 유해물질, 어쩌면 또한 오염된 공기, 높은 혈당, 건강에 해로운 음식, 콜레스테롤 과다, 고지혈, 여러 만성 염증, 감염 등등. 옛날에는 오랫동안 동맥경화가 주로 콜레스테롤 침전으로 생기는 질병이라 여겼었다. 그러나 현재 동맥경화의 주요 특징이 만성 염증임을 잘 안다. "바우어 씨, 전경동맥에 침전물이 아주 많네요. 이런 걸 동맥경화라고 부릅니다. 하지만 동맥 협착이 심하지 않으니 수술은 안 해도 되겠어요." 바우어 씨는 의사의 마지막 말에 안도한다. 수술을 안 해도 되어 정말 다행이다. 이제 수술까지 해야 한다면……

가슴 초음파로 심장도 검사한다. 모니터에서 심장 근육이 펌프질을 하고 심실 네 개와 심장판막 네 개가 보이지만, 지친 듯 눈을 감고 묵묵히 검사를 받는 바우어 씨는 그 모습을 보지 못한다. 심장내과 전문의의 검사 보고서에는 고혈압, 심장질환, 혈전 없음, 심장판막 정상, 색전증 원인 없음이 적힐 것이다.

뇌졸중 병동에 있는 동안 바우어 씨는 계속 모니터링된다. 심장박동 리듬을 일정하게 유지하는 것이 특히 중요하지만, 혈압과 체온도 잘 관리되어야 한다. 바우어 씨는 당뇨병도 있어서 초반에는 혈당수치가 매우 높아 인슐린 치료도 필요했다. 그는 매일 다양한 치료를 받는다. 실어증 치료를 위해 발음하기와 단어 찾기 연습을 하고 간단한 문장들도 만들어 본다. 그리고 정상으로 밝혀진 삼키는 능력도 다시 한번 점검한다. 작업치료에서는 오른손의 동작 능력을 살핀다. 물리치료로 환자는 이틀 뒤에 벌써 복도를 걷고, 얼마 후부터 지지대나 도움이 거의 필요치 않다.

. . . . .

뇌졸중 병동 – 중요한 성과

뇌졸중 환자에게 뇌졸중 병동은 축복이다. 그곳에서는 뇌졸중 환자 치료에 특화된 특수팀이 일한다. 스칸디나비아 국가들과 영국에는 이미 오래전부터 '뇌졸중 병동'이 있었다. 뇌졸중 이후 재활이 중요한 환자들이 대개 여러 주씩 이곳에 머문다. 이미 재활체계가 잘 갖춰진 독일에서는 뇌졸중 병동에 모니터링 체계를 더하여, 뇌졸중 후 생길 수 있는 합병증을 예방하거나 조기에 발견하여 치료할 수 있게 했다. 이 기획은 진가를 증명했다. 독일은 다른 나라와 비교했을 때 월등히 자주 체계적인 혈전용해술이 실행된다. 또한, 뇌졸중 병동이 있기에 기계적 혈전제거술 같은 새로운 치료를 신속하게 실행할 수 있다.

수많은 연구를 요약하는 이른바 메타분석에 따르면, 뇌졸중 병동이 일반 병동보다 치료 결과가 명확히 우수하다. 사망률이 더 낮고, 1년 뒤에 중대한 장애 없이 살아가는 환자 비율이 더 높다. 뇌졸중 이후 10년이 지나서도 이런 이점이 입증될 수 있다.

이런 긍정적 효과는 어디에서 비롯될까? 뇌졸중 이후 열이 나는 것은 환자에게 아주 나쁘므로, 뇌졸중 병동에서는 더 자주 체온을 재고 해열제가 충분히 투여된다. 혈압과 혈당도 더 자주 체크되고 심장박동이 지속적으로 모니터링된다. 이런 조치들의 효과가 개별적으로 입증되진 않았지만, 모든 것이 합쳐져서 그리고 뇌졸중 병동의 협동으로 그 효과가 매우 높다. 무엇보다 뇌졸중 병동에서는 의사, 간호사, 언어치료사, 작업치료사, 물리치료사, 사회복지사로 구성된 고도로 전문화된 팀이 환자를 돌본다. 그러므로 명심하자. 뇌졸중 환자는 뇌졸중 병동에 입원해야 하고, 전문 인증기관인 독일 뇌졸중협회의 인증을 받은 곳에서 치료해야 한다. 이 원칙은 급성 뇌혈류 장애인 이른바 '일과성 허혈 발작' 환자에게도 적용된다. 일과성 허혈 발작 환자들이 발작 이후에 드물지 않게 뇌졸중을 앓기 때문이다. 그러므로 빠른 진단과 치료가 필요하다. 영상 기술이 발달한 현대에는 일과성 허혈 발작과 뇌졸중을 구분하는 것이 점점 더 무의미해지고 있다. 일과성 허혈 발작 환자들 대다수, 특히 한 시간 이상 증상이 지속되는 환자는 MRI에서 경색이 명확히 나타나기 때문이다.

그럼에도 뇌졸중 병동에서 치료를 받는 것은 때때로 매우 힘들다. 수많은 케이블, 혈압 측정기, 징치들의 기계음, 다른 환자와의 관계 등, 이 모든 것이 어떤 환자에게는 매우 스트레스가

되고, 그래서 며칠 뒤에 일반 병동으로 옮기면 아주 편안해한다. 이미 여러 번 뇌졸중이 있었던 치매 고령환자는 이런 병동 상황에 혼란스러워하는 경우가 많다. 그래서 이런 환자들은 일반 병동에서 치료를 받는 것이 종종 더 낫다. 그러나 압도적 다수에게는 뇌졸중 병동이 최선의 결과를 위한 최고의 보장이다. 독일 뇌졸중협회의 인증을 받은 뇌졸중 병동이 현재 독일에만 약 320개가 있다.

중증 환자들은 바우어 씨보다 더 오래 중환자실에 있어야 한다. 뇌줄기 경색 또는 중대뇌동맥에 아주 큰 경색이 있어 뇌가 붓기 시작한 환자가 여기에 포함된다. 중대뇌동맥 경색의 경우, 얼마 동안 두개골을 열어두어 팽창한 뇌에 넉넉한 공간을 확보하는 것이 종종 생명을 구하는 조치이다. 건강한 사람들에게는 상상만으로도 매우 끔찍하겠지만, 중증 환자에게는 살 수 있는 유일한 방법이다. 대규모 연구에서 그런 수술의 이점이 입증되었다. 나중에 환자들에게 설문한 결과, 대다수가 이 치료를 바른 선택으로 여겼고, 그런 치료를 받을 수 있었던 것에 기뻐했다. 항상 그런 건 아니지만, 급성 경색일 경우 환자가 스스로 의사 결정을 할 수 없기 때문에 종종 가족이 그런 치료를 결정해야 한다. 일반적으로 두개골은 몇 개월 뒤에 다시 정상으로 돌아간다.

뇌졸중의 위험요인

무엇이 뇌졸중을 일으키고, 어떻게 하면 잘 예방할 수 있을까?

뇌졸중을 유발할 수 있는 질환들은 이미 앞에서 얘기했다. 뇌에 혈액을 공급하는 동맥의 경화로 인한 협착, 심방세동, 여타 심장 질환, 대뇌 미세혈관병증. 이런 질환 뒤에 다시 이 모든 질환에 중대한 영향을 미치는 위험요인이 있다. 위험요인은 질병의 발생 확률을 근원적으로 높인다.

좋은 소식 먼저. 뇌졸중은 대부분 예방이 가능하다. 거의 모든 위험요인을 충분히 없앨 수 있다. 따라서 뇌졸중에서는 예방이 매우 중요하다.

뇌졸중의 가장 중요한 위험요인은 고혈압이다. 뇌졸중 환자의 80~90퍼센트가 고혈압이다. 즉 혈압이 140/90mmHg 이상이다. 그러므로 고혈압은 개별 위험요인 중에서 가장 중요하다. 최근에는 혈압이 130 이상이면 벌써 고혈압으로 간주하고, 그래서 뇌졸중을 앓는 '고혈압 환자'의 비율이 더 높아졌다. 뇌졸중 병력이 없는 같은 연령대의 대조군에서도 약 60~65퍼센트가 고혈압인데, 이는 혈압 조절이 뇌졸중 예방에 얼마나 중요한지 보여준다. 혈압이 올라갈수록 뇌졸중 위험 역시 상승하고, 수축기 혈압의 상한선과 이완기 혈압의 하한선이 모두 중요하다. 어떤 환자들은 특히 밤에 혈압이 높다. 그러므로 24시간에 걸친 장기적인 혈압 관리가 필요하다.

뇌졸중 후에야 비로소 자신이 고혈압이었음을 알게 되는 환자들이 많다. 그러나 CT나 MRI 또는 심장 초음파 사진에는 이미 오래전부터 고혈압이었음이 드러난다. 혈압을 낮추는 방법은 다양하다. 체중 감소, 소금 섭취 줄이기, 과일과 채소 등 칼륨이 풍부한 식단, 과음하지 않기, 정기적으로 운동하기, 갑상선 기능 항진이나 다른 내과 질환의 치료. 이런 노력에도 불구하고 혈압이 낮아지지 않는다면, 약을 복용해야 한다. 오늘날 효과적으로 혈압을 조절할 수 있는 약물이 아주 다양하게 있다. 안지오텐신 전환효소(ACE) 억제제, 안지오텐신 수용체 차단제(사르탄), 이뇨제, 지속형 칼슘길항제 및 베타차단제가 가장 대표적이다. 담당 의사는 기존 병력을 기반으로 적절한 약물을 선택해야 한다. 조절이 매우 어려운 고혈압이라도, 오늘날 쓸 수 있는 약물이 아주 많으므로, 적어도 140/90 미만으로, 가장 바람직하게는 130/85 미만으로 거의 항상 혈압을 조절할 수 있다. 독일의 경우 과거에는 혈압치료가 너무 자주 소홀히 여겨졌고, 혈압이 적절히 조절된 환자의 비율이 국제적으로 비교하여 너무 낮았다. 그러나 다행스럽게도 최근에 크게 개선되었다.

또 다른 중요한 위험요인은 당뇨병과 콜레스테롤이다.

당뇨병 환자는 혈관 위험에 관한 한 혈압 조절이 최우선이다.

그다음 전문가의 지침에 따라 혈당을 조절해야 한다. 주요 기준은 장기 혈당수치인, HbA1c이다. 그러나 너무 엄격한 조절도 삼가야 한다. 저혈당은 의식을 잃게 할 수 있고, 일종의 신경학적 결손을 초래하여 뇌졸중을 모방할 수 있다!

콜레스테롤 수치 상승은 심근경색의 가장 중요한 위험요인이고, 뇌졸중에는 그다지 큰 구실을 하지 않는다. 그러나 연구에 따르면, 콜레스테롤 수치를 낮추는 '스타틴'에는 심근경색뿐 아니라 뇌졸중 예방 효과도 있다.

앞에서 이미 다뤘던 심방세동은 의심의 여지 없이 뇌졸중의 가장 중요한 위험요인에 속한다. 심방세동이 뇌졸중과 함께 비로소 발견되는 경우가 드물지 않은데, 그러면 애석하게도 이미 너무 늦다. 심방세동이 있는 환자의 경우, 장기 심전도 검사가 아마도 심방세동으로 발생하는 뇌졸중을 명확히 줄이는 데 도움이 될 것이다.

끝으로, 우리의 생활방식과 관련된 중요한 위험요인들이 아주 많다. 흡연, 과음, 운동 부족, 비만, 영양 불균형 등등. 특히 흡연은 뇌졸중에 매우 위험하다. 젊은 사람이 종종 뇌졸중을 앓는데, 담배 말고는 다른 원인을 찾을 수 없다. 다행히 심근경색과 뇌졸중의 높아진 위험을 금연으로 서서히 낮출 수 있다. 대략 7년에서 10년이 지나야, 담배를 한 번도 피우지 않은 사람과 위험수준이 같아진다. 아무튼 우리의 혈관은 적어도 우리의 죄를 용서한다. 담배를 완전히 끊기는 쉽지 않다. 니코틴 대체물 또는 집단 금연프로그램으로 성공률을 높일 수 있다. 암페타민이나 엑스터시 같은 약물은 뇌의 동맥을 수축시켜 뇌졸중을 유발할 수 있다.

야간의 음주는 뇌졸중의 위험을 조금 감소시키지만, 남성은 250ml, 여성은 125ml를 초과해서 마시면 뇌졸중 위험이 올라간다. 위장병 같은 다른 질병이 있으면, 적당한 음주의 긍정적 효과 같은 건 기본적으로 없으므로, 술을 약으로 여겨선 안 된다. 이 원칙은 건강에 좋다고 얘기되는 적포도주를 포함한 모든 술에 적용된다.

운동 부족은 뇌졸중과 심근경색의 주요 위험요인이다. 육체적으로 활동적인 사람은 비활동적인 사람보다 최대 25~30퍼센트까지 뇌졸중 위험이 낮다. 다행스럽게도, 위험을 확연히 낮추기 위해 격한 운동을 할 필요는 없다. 격한 운동이 적당한 운동보다 훨씬 더 효과적이라는 증거는 없다. 일주일에 적어도 5회 정도 살짝 땀이 날 정도로 몸을 움직이는 것이 가장 좋다. 예를 들어 빠르게 걷기, 자전거 타기, 수영 등이 좋다. 대개는 따로 시간을 내서 운동을 하지만, 출근길에 자전거를 타거나 엘리베이터 대신 계단을 이용할 수도 있다. 모든 신체 활동이 운동이 되고 도움이 된다. 다만, 텔레비전 시청 같은 수동적 활동은 좋지 않다. 뇌졸중의 현장이 빈번하게 텔레비전 앞임에도, 아무도 둘

사이의 인과관계를 인정하려 하지 않는다. 그냥 일상생활 대부분을 텔레비전 앞에서 보내기 때문일까? 다음과 같은 설명도 아주 전형적이다. "텔레비전을 보고 있는데, 갑자기 맥주병이 손에서 떨어지고, 담배가 입에서 떨어졌어요." 텔레비전 화면이 갑자기 보이지 않다가 다행히 한쪽 눈은 다시 돌아왔다고 말했던 환자를 기억할 것이다. 이 환자는 후대뇌동맥 두 개가 모두 막혀서 제일 먼저 눈이 멀었다. 신경과 의사들은 이것을 '피질 실명'이라고 부르는데, 문제의 기원이 눈이 아니라 시각피질이기 때문이다. 다행히 한쪽 막힘은 금세 다시 풀렸지만, 다른 한쪽은 애석하게도 계속 막혀있었다.

신체 활동은 부분적으로 혈압을 낮추고, 당뇨병 환자의 경우 혈당 조절에 도움이 되며, 체중 감소로 부차 효과도 낼 수 있다. 또한, 응고체계와 면역체계에도 좋은 영향을 미친다.

비만도 뇌졸중의 위험을 높인다. 그러나 모든 연구에서 체질량지수(BMI)는 뇌졸중의 명확한 위험요인이 아니었다. BMI는 체중(kg)을 키(m)의 제곱 값으로 나눈 값이다(kg/m2). BMI가 25와 30 사이에 있으면 과체중이고, 30을 초과하면 비만이다. 사실 BMI보다 복부지방량이 더 확실한 예측인자인데, 복부지방은 허리둘레(남자는 102cm, 여자는 88cm를 초과하면 뇌졸중 위험이 올라간다) 또는 허리와 엉덩이의 비율로 대략 측정한다.

"건강한 식단이 뇌졸중 위험을 낮춘다!" 맞는 말인 것 같다.

하지만 건강한 식단이 정확히 무엇일까? 과일과 채소 비중이 높은 식단이 뇌졸중 위험을 낮춘다. 여러 연구의 메타분석에 따르면, 과일이나 채소를 하루 5회 이상 섭취하는 사람이 3회 이하 섭취하는 사람보다 뇌졸중 위험이 약 28퍼센트나 낮다. 이때 1회 섭취량은 한 움큼 정도를 뜻한다. 과일과 채소를 한 움큼씩 더 먹을 때마다 뇌졸중 위험이 약 6퍼센트씩 감소한다. 견과류나 올리브오일을 곁들인 지중해 식단이 특히 권장할 만하다. 지중해 식단의 핵심은 채소, 과일, 샐러드, 생선, 올리브오일이다. 붉은 육고기는 아주 소량만 사용된다.

짠 음식이 뇌졸중 위험을 높인다. 반면, 과일과 채소에 많이 들어있는 칼륨은 뇌졸중 위험을 낮춘다. 그 효과는 주로 혈압에서 나타난다. 우리는 가공식품을 통해 염분을 많이 섭취한다. 붉은 육고기와 동물성 단백질의 과다섭취가 뇌졸중 위험을 높인다는 것이 입증되었다. 반면, 코코아 제품(특히 저당 초콜릿), 커피, 녹차가 뇌졸중 위험을 낮춘다고 알려져 있지만, 아직 확실하게 입증되지는 않았다. 아무튼, 과일과 채소가 풍부하고 염분이 적은 식단은 뇌졸중 위험을 확실히 낮춘다.

하이델베르크 연구진의 장기 관찰연구에 따르면, 건강한 생활방식(비흡연, 적당한 음주, 정상 체중, 신체 활동, '건강한' 식단)이 뇌졸중의 약 38퍼센트를 예방할 수 있다. 심지어 이런 예방 비율을 더 높게 추정하는 연구들도 많다.

뇌졸중 환자의 가족, 특히 비만 환자의 가족은 드물지 않게 환자가 밤에 심하게 코를 골다가 잠깐 숨을 멈추는 일이 잦다고 설명한다. 이런 환자는 낮에 종종 피곤하고 졸리고 업무능력이 떨어진다. 그것은 '수면 무호흡 증후군'의 징후인데, 그러면 수면 중에 뇌에 산소 공급이 낮아져 치매와 뇌졸중의 위험이 있다. 수면 무호흡 증후군이 의심되면 수면실험실에서 더 명확히 검사를 해봐야 한다. 수면 무호흡 증후군으로 밝혀지면, 기관지의 압력을 높게 유지하는 야간 호흡 장치를 처방한다.

만성 염증 역시 뇌졸중 위험을 높인다. 염증성 관절 질환인 '류머티스 관절염'이나 여러 장기에 생길 수 있는 염증 질환인 '전신성 홍반성 루푸스' 환자의 경우, 뇌졸중 위험이 명확히 높다. 혈액에 백혈구나 C-반응성 단백질(CRP)이 증가하면 염증 수치가 높다고 하는데, 이것이 바로 뇌졸중 위험이 높아졌다는 단서이다. 그러나 이것은 다른 비혈관 질환과도 관련이 있기 때문에 뇌졸중의 특징으로 간주하지는 않는다.

다양한 박테리아와 바이러스에 의한 만성 감염뿐 아니라, 만성 기관지염과 치주염 역시 동맥경화증의 발병과 악화를 촉진하고 뇌졸중 발생에 기여한다. 만성 세균성 염증인 치주염이 뇌졸중에 기여한다는 증거가 특히 많다. 가벼운 뇌졸중 환자와 하이델베르크 시민을 대조군으로 하는 이른바 대조군연구에 따르면, 경증 치주염은 약 두 배, 중증 치주염은 약 네 배나 뇌졸중 위험을 높였다. 이런 효과는 다른 위험요인이나 사회 상황과 무관했다. 다른 치과 질환인 충치에서는 이런 연관성이 발견되지 않았다. 그러므로 치주염의 영향을 뇌졸중의 특징으로 봐도 된다. 치주염의 경우 충치와 달리 염증이 혈류와 접촉한다. 여러 다른 관찰연구도 비슷한 결과를 보여준다. 그러나 치주염의 치료 효과가 뇌졸중 발생에 미치는 영향을 조사한 대규모 치료연구는 아직 없다. 그런 연구들이 있어야, 치주염과 뇌졸중 사이에 인과관계가 있는지, 아니면 충분히 알려지지 않았거나 통계에서 충분히 고려되지 않은 다른 영향 요인이 두 질병의 상관관계를 만들었는지 비로소 해명할 수 있으리라.

· · · · ·

사회 상황과 뇌졸중

우리의 환자 바우어 씨에게 돌아가자. 뇌졸중 병동으로 옮긴 지 이틀째 되던 날 환자의 여동생이 왔고 담당의사와 면담을 요청했다.

"오빠가 뇌졸중으로 쓰러진 걸 전혀 몰랐어요. 나중에 오빠 이웃에게 들었지 뭐예요. 오빠는 5년 전 아내와 사별하고 될 되로 되라는 식으로 막 살았어요. 담배를 엄청 피워댔고 아마 술도 많이 마셨을 거예요. 건강검진은 두말할것도 없고요." 담당의사가 발병 전 상황에 대해 몇 가지를 더 물었다. "자세히는 잘 몰라요. 하지만 오빠에게 쉽지는 않았을 거예요. 우리는 6남매이고, 오빠가 장남인데, 일찍부터 동생들을 책임져야 했으니까요. 중학교만 겨우 졸업하고 직업교육도 따로 못 받았어요. 화물트럭 운전사로 일했는데, 몇 년 동안 실업상태일 때도 있었어요. 오빠는 좀 어때요? 앞으로 어떻게 되는 거예요?"

담당의사는 환자에게 가서, 여동생에게 지금의 상태를 알려도 되는지 물었고, 바우어 씨가 동의했다. "바우어 씨는 처음에 뇌졸중이 아주 심했어요. 다행히 일찍 발견되었고 막힌 혈관을 재빨리 뚫을 수 있었습니다. 안 그랬다면 장애가 크게 남았을 겁니다. 지금은 다시 말하기 시작했고, 모두 알아듣고 이해합니다. 걸을 수도 있고요. 아직 오른손이 왼손보다 살짝 더 서툴러요. 힘든 시기죠. 다음주에 재활병원으로 옮길 겁니다. 그곳에서 틀림없이 더 좋아질 겁니다." — "그럼 다시 혼자 살 수 있을까요? 안 된다면, 오빠 자식도 없는데, 도대체 어디로 가야 할까요?" — "혼자 살 수 있을 겁니다. 치료 전망이 꽤 희망적이에요." 담당의사가 보호자를 안심시킨다.

바우어 씨는 혈압도 혈당수치도 콜레스테롤 수치도 높았다. 흡연은 40갑년이 넘었다. 의사들이 쓰는 '갑년packyear'은, 총흡연량(개비)에 흡연기간(년)을 곱해서 산출한다. 40갑년 이상인 사람은 술을 조금만 마셔도 뇌졸중 위험이 상당히 높아진다. 게

다가 바우어 씨는 니코틴 남용 결과로 기관지에 침전물이 쌓여 이른바 '만성 폐쇄성 폐질환'을 앓았고, 이 질환과 뇌졸중의 연관성이 논의되기도 했다.

바꿀 수 있는 위험요인 이외에, 의학이 영향을 미칠 수 없는 요인들도 있다. 예를 들어 나이, 성별, 유전적 요인이 그렇다. 나이가 들수록 뇌졸중의 빈도가 급격히 증가한다. 현재 뇌졸중이 전체적으로 점점 빈번해지는 것은, 우선 우리가 (다행히도) 점점 더 오래 살기 때문이다. 평균 수명이 길어지는 것을 고려하면(연령에 맞게 보정하면), 뇌졸중의 빈도는 지난 몇십 년 동안 감소했다.

이와 관련하여 빼놓을 수 없는 또 다른 요소는 진단 방법의 진보이다. 명확히 진단하기가 모호할 때 MRI를 통해 뇌졸중을 확인할 수 있다. 물론, 모호한 경우 그냥 뇌졸중으로 진단하는 경우도 배제할 수 없는데, 의료비 청구체계에서 뇌졸중이 다른 질병보다 의료수가가 더 좋기 때문이다.

절대 수치만 보면, 오늘날 여성이 남성보다 뇌졸중을 더 많이 앓는다. 그러나 실제로 이것은 단지 여성이 남성보다 평균적으로 더 오래 살기 때문이다. 연령에 맞게 보정하면, 남성이 여성보다 더 빈번하게 뇌졸중을 앓는다. 남성이 여성보다 건강의식이 더 낮고, 덜 건강하게 생활한다. 또한, 남성이라는 성별 자체가 뇌졸중의 위험요인처럼 보인다. 그러나 뇌졸중 이후의 치료 전망에서 (언급된 연령 차이를 감안하더라도) 여성이 남성보다 더 나쁜 것은 생각해볼 만한 문제이다. 아마도 나이든 여성이 사별 후 주로 혼자 산다는 사실이 큰 역할을 하는 것 같다. 혼자 살기 때문에 구급대에 늦게 신고되는 것이다. 게다가 나이가 많은 여성은 뇌졸중 이후 다시 혼자가 되기 때문에 전체적으로 회복 기회도 좋지 않다.

영향을 미칠 수 없는 세 번째 위험요인은 유전자이다. 오늘날 뇌졸중을 유발할 수 있는 희귀 유전병이 발견되었지만, 뇌졸중의 99퍼센트 이상은 유전병으로 이해되지 않는다. 뇌졸중 위험을 높이는 여러 다양한 원인이 있고, 이 원인의 위험성을 높이는 유전자가 있다. 당뇨, 고혈압, 지방 대사 장애 같은 위험요인 역시 유전자의 영향을 받는다. 이 분야의 연구는 아직 끝나려면 멀었지만, 분명 다양한 유전적 변이의 상호작용이 뇌졸중 위험에 영향을 미칠 것이다. 그러나 뇌졸중을 유발하는 가장 중요한 요인에 우리는 행동 변화로 분명히 영향을 미칠 수 있다.

뇌졸중 환자들의 가족이나 친척들에게도, 결코 우연으로 볼 수 없을 만큼 자주 뇌졸중 병력이 있다. 이것을 '가족력'이라고 부른다. 이런 가족력 뒤에는 생물학적 유전뿐 아니라 일종의 사회적 유전도 있다. 연구결과 뇌졸중 환자들은 압도적 과반수로 학력이 낮았고, 사회적 지위가 낮은 직업을 가졌으며, 관리직이나 학술직에 종사하는 경우가 드물다. 실업 상태일 때가 잦고,

소득이 더 낮으며, 덜 매력적인 주거지에 거주한다. 이것은 다른 모든 요인과 마찬가지로 모든 환자에 적용되는 절대값이 아니라 평균값이다. 판사나 교사도 뇌졸중을 앓는다. 그러나 통계적으로 볼 때 건설노동자나 비숙련노동자보다 드물다. 이런 차이는 사회적 지위가 낮은 사람이 담배를 더 많이 피우거나 다른 위험 요인을 제대로 관리하지 않는다는 것에서 부분적으로 해명이 된다. 그러나 우리가 직접 진행한 연구들과 메타분석에서 드러나듯이, 생활방식에서 기인한 위험요인을 고려하더라도, 사회적 지위가 낮을수록 뇌졸중 위험이 높다.

그러나 그것으로 끝나지 않는다. 사회적 지위만 뇌졸중 위험과 관련이 있는 게 아니다. 유년기에 어떤 환경에서 성장했느냐도 관련이 있다. 유년기의 성장 환경을 조사하기 위해 예를 들어 부모의 직업, 부모의 실업 기간, 형제의 수, 거주 공간과 거주민 사이의 비율, 생활 환경과 소유재산 등을 설문했다. 대다수가 자신의 유년기를 아주 잘 기억할 수 있고 그래서 50~60년 뒤에도 그들의 대답을 아주 신뢰할 수 있다. 한 대조군연구에 따르면, 뇌졸중 환자의 경우 아버지가 더 빈번히 육체노동자이고, 형제가 셋 이상이고, 생활 환경이 비좁고, 화장실이 실외에 있고, 차가 없고, 학급친구와 비교해서 가족의 소득이 평균 이하로 추정된다. 청소년기와 나중에 어른이 되었을 때의 사회적 지위를 고려하더라도, 유년기의 성장 환경이 뇌졸중 발병과 관련이 있다.

다시 말해, 설령 나중에 사회적 신분 상승에 성공하더라도, 유년기의 사회경제적 요인이 뇌졸중 발병에 영향을 미친다.

왜 그런지는 아직 충분히 해명되지 않았다. 유년기의 영양 부족이 한 요인일 수 있고, 어쩌면 출생 이전의 요인이 벌써 중요할 수 있다. 여러 연구에서 신생아의 저체중이 뇌졸중의 위험요인으로 밝혀졌기 때문이다. 사회적 악조건과 무엇보다 비위생적 거주 환경이 만성 감염질환 위험을 높인다(예: 치주염과 헬리코박터균). 앞에서 기술한 것처럼, 이것은 뇌졸중 위험을 높일 수 있다. 빈곤한 사람들이 빈번히 나쁜 환경 조건에서 산다. 예를 들어 그들은 교통량이 많은 도로 근처에서 소음과 공해 속에 산다. 여러 연구가 입증했듯이, 미세먼지 같은 공해 물질과 도로 소음은 뇌졸중 위험을 높인다. 그러나 이것이 유년기 생활 조건과 뇌졸중 위험의 연관성에 어떤 역할을 하는지는 아직 밝혀지지 않았다.

· · · · ·

지구적 관점

사회경제적 악조건에서 뇌졸중 위험이 올라가는 것은 개별 사회뿐 아니라 국제적으로도 적용된다. 전 세계의 전염병 조사에 따르면, 2010년 뇌졸중 발생률(=새로 등장한 사례/년)은 고소득 국가(10만 명 기준으로 217명)가 중간 및 저소득 국가보다

(10만 명 기준으로 281명) 낮았다. 이것은 각 나라의 연령 구성 차이를 고려하여 보정한 수치다. 1990년과 2010년 사이에 고소득 국가의 발생률은 평균 12퍼센트가 떨어진 반면, 중간 및 저소득 국가는 12퍼센트가 증가했다. 이 기간의 뇌졸중 사망률은 다행히 고소득 국가(37%)와 중간 및 저소득 국가(-20%) 모두에서 감소했다. 개선된 치료법이 전 세계적으로 (비록 모든 나라가 똑같진 않더라도) 효과를 보였다는 증거다.

2010년에 전 세계적으로 약 1700만 건이 처음 발생한 뇌졸중이었고, 그것의 약 70퍼센트가 중간 및 저소득 국가에서 있었다. 약 3300만 명이 뇌졸중 후유증을 갖고 산다. 2010년에 약 600만 명이 뇌졸중으로 사망했다. 그래서 뇌졸중은 전 세계적으로 사망원인 2위이다. 독일에서는 현재 매년 약 26만 명이 뇌졸중을 앓는다. 점점 더 고령화되고 있으므로 연령을 고려하여 보정하면, 발생률은 전반적으로 감소하지만, 빈도는 증가하고 있다.

. . . . .

뇌졸중 예방

이 모든 수치가 한 가지를 명확히 말해준다. 예방이 필수다!

뇌졸중은 고통의 큰 원천이다. 뇌졸중 치료 전망이 최근에 명확히 개선되었더라도, 여전히 장애가 남는 경우가 많다. 환자의 약 절반이 장기적으로 일상 생활이 제한되고, 약 3분의 1이 심각한 장애가 남아 도움에 의존해야 한다.

뇌졸중은 매우 효과적으로 예방할 수 있다! 금연, 적당한 음주, 규칙적 운동(매일 30분이 가장 좋다), 과일과 채소 넉넉히 먹기, 비만 탈피나 체중 감량이 가장 중요한 예방책이다. 그리고 정기적으로 혈압과 혈당, 콜레스테롤 수치를 검사하고 관리해야 한다. 혈압은 안정상태에서 최소한 140/90 이하여야 하고, 130/85 이하가 가장 이상적이다. 혈당은 식전에 검사했을 때 110을 넘지 말아야 한다. 바람직한 콜레스테롤 수치(이른바 저밀도 지질단백질 LDL-콜레스테롤)는 환자의 동반 질환에 따라 다를 수 있다. 심전도 검사에서 심방세동(위 내용 참조)이 검진되면, (다른 위험요인이 없는 60세 미만은 제외하고) 뇌졸중 예방을 위해 혈액희석제 또는 오늘날에는 주로 '차세대 항응고제(NOACs)'라 불리는 새로운 경구용 약이 권해진다.

모든 뇌졸중의 약 90퍼센트는 우리가 영향을 미칠 수 있는 위험요인에 의해 발생하므로 원칙적으로 예방이 가능하다. **위험요인의 대부분은 우리의 생활방식이다.** 그러나 일부는 정치적 정책이 요구된다. 특히 공해와 관련이 있는데, 전체 뇌졸중의 약 30퍼센트가 공해 때문에 생긴다. 미세먼지와 다른 공해가 기관지 질환의 위험뿐 아니라 뇌졸중과 심근경색의 위험도 무시할 수 없을 정도로 높인다. 그러므로 환경 보호가 곧 건강 보호이다!

이제 마지막으로 우리의 환자 바우어 씨에게 돌아가자. 그는 뇌졸중 병동에 나흘을 입원해 있었다. 치료 덕분에 언어가 나날이 좋아졌다. 철자의 혼동과 단어의 혼동이 점점 드물어졌다. 두세 단어로만 이루어졌던 문장이 점점 길어졌고, 간식을 먹는 아이들 같은 단순한 상황을 점차 맥락에 맞게 다시 표현할 수 있게되었다. 말하기 만큼 힘겨웠던 읽기 역시 서서히 개선되었다. 이기간 내내 계속 심장박동을 모니터링했고 이상 징후는 확인되지 않았다. 일반 병동으로 옮긴 이후, 24시간 넘게 심전도를 측정했다. 처음으로 짧은 심방세동이 나타났다.

"바우어 씨, 뇌졸중의 원인을 찾아냈어요. 어제 장기 심전도에서 잠깐씩 심장박동이 이상했어요. 그러니까 심방세동이 있었어요. 뇌졸중은 심장 색전증으로 인해 발생했습니다." 담당의사가 전한다. 바우어 씨는 믿을 수 없다는 듯 고개를 젓는다. "혈압과 혈당 그리고 콜레스테롤도 원인이었죠?" ─ "맞습니다. 그리고 담배도요. 이 모든 것이 뇌졸중의 위험을 높입니다. 우리의사들은 정확히 어떤 것이 뇌졸중을 일으켰는지 찾아내야 합니다. 그리고 바우어 씨의 원인은 심장 색전증이었어요." ─ "그럼이제 어떻게 하면 되죠?" ─ "이틀 뒤에 약을 추가로 처방할 겁니다. 그것은 내일 상세하게 설명해 드릴게요. 치료 설명서를 받으실 테고 거기에 서명하셔야 합니다." 바우어 씨가 달갑지 않은 어조로 말한다. "약이라면 이미 많이 먹고 있어요." ─ "그래요. 고혈압, 당뇨, 콜레스테롤 때문에 약을 드시죠. 이제 아침과 저녁에 각각 한 알씩 항응고제가 추가됩니다. 심방세동 때문이에요. 그러나 좋은 소식이 있어요. 아직 복용 중인 아스피린은 빼도 되고, 위벽 보호제도 뺄 겁니다. 그러니까 두 알이 빠지고 두 알이 추가 되는 거죠. 본전이죠?" 바우어 씨의 표정이 약간 풀어진다.

허혈성 뇌졸중 후의 처방은(의학용어로 2차 예방), 심장 색전증의 경우 혈장의 응고 요인을 억제하는 약물과 혈소판 억제제로 구성된다. 인공 심장판막 또는 심장벽의 돌출부(=동맥류)의 혈액 응고인 경우 독일에서는 '마르쿠마르(Marcumar®)'가 주로 처방된다. 심방세동의 경우, 앞에서 이미 언급했던 항응고제(NOACs)가 처방된다. 이런 약물은 뇌출혈의 위험이 더 낮고, 대부분의 경우 '마르쿠마르'보다 허혈성 뇌졸중을 더 잘 예방한다.

70퍼센트 이상을 차지하는, 내경동맥의 경화로 인한 협착에서 발생하는 뇌졸중 또는 일과성 허혈 발작의 경우, 협착을 치료해야 한다. 표준 치료법은 경험 많은 혈관외과 의사의 수술이다. 이 수술은 오늘날 대부분 국소마취로 진행된다. 젊은 환자의 경우 스텐트를 이용해 치료하는데, 이것은 장기적으로 수술 못지않게 성공적인 것으로 입증되었다.

왜 지금일까? 뇌졸중의 방아쇠

담당의사가 진료를 끝내려 할 때, 바우어 씨가 불쑥 묻는다. "왜 하필 지금 뇌졸중이 왔을까요? 아무 일 없이 잘 지내고 있었는데." — "어려운 질문이네요. 한 달 전이나 일주일 뒤가 아니라 왜 하필 그날 뇌졸중이 왔을까요? 우리도 모를 때가 많아요. 하지만 바우어 씨 경우는 병원에 올 때 벌써 열이 있지 않았나요?" 의사가 서류를 뒤적인다. 맞다, 병원도 서류 지옥이다. 독일에서 서류 없는 병원은 아직 상상하기 어렵다. "그래요, 여기 있네요. 바우어 씨는 입원 당시에 이미 체온이 38.2도였어요. 기관지염이 발견되었고, 폐렴 위험도 있어서 항생제도 처방했죠. 그런 감염이 있을 때 뇌졸중이 올 확률이 특히 높습니다. 아마도 그것이 바우어 씨의 뇌졸중 방아쇠였을 겁니다. 앞으로는 가을에 항상 독감 예방접종을 맞으세요. 그것이 뇌졸중도 예방하니까요." 의사가 나가고, 환자는 곰곰이 생각하는 얼굴과 놀란 눈으로 병실에 남는다.

왜 바로 그 특정 시점에 뇌졸중이 발생하느냐는 흥미로운 질문이다. 시간적으로 제한된 효력을 내는 여러 방아쇠 요인이 밝혀졌다. 수술이 그중 하나이지만, 과음, 더 직설적으로 말해 폭음도 그렇다. 폭음 뒤 약 48시간 동안 뇌졸중 위험이 매우 높다. 코카인이나 암페타민 같은 마약 역시 급성 혈관 협착에 의한 뇌졸중을 일으킬 수 있다. 급성 감염도 방아쇠 요인에 속하는데, 감염 직후 초기에 가장 위험하다. 급성 감염, 수술에 의한 조직 손상, 높은 혈중알코올농도가 응고체계를 활성화하고, 그것이 아마도 뇌졸중 발생의 주요 원인일 것이다.

독감과 기관지염 유행 후 심근경색과 뇌졸중 비율이 높아지는 경우가 드물지 않다. 감염병 때문이 아니라, 감염이 진정된 후 심근경색과 뇌졸중 같은 혈관 합병증으로 사망하는 사례도 많다. 기관지염과 비슷하게 뇌졸중 역시 추운 계절에 많이 발생한다. 20세기에 뇌졸중 사망률이 감소한 것은 고혈압과 기타 위험 요인의 변화로 해명될 수 있다. 위생 개선에 따른 감염 방지와 항생제 치료 역시 뇌졸중 사망률 감소에 기여했다.

정신분석학의 창시자 프로이트는 1897년에 출간한 자신의 논문 〈유아 뇌성마비Infantile Cerebrallähmung〉에서 이렇게 썼다. "편마비성 뇌성마비의 모든 후천성 사례의 약 3분의 1에서 … 마비는 잘 알려진 유년기 감염병의 정점에서 또는 감염병 후유증으로 나타났다." 이때의 마비가 언제나 뇌졸중 때문이었을까? 프로이트는 대부분 뇌출혈 또는 혈관 폐쇄가 있었다고 명확히 설명한다. 프로이트의 논문은 유아 약 300명의 부검을 기반으로 한다. 그의 논문은, 19세기 말에 유년기의 뇌졸중이 빈번했고(다행히 오늘날에는 드물다), 감염병과 관련이 있음을 보여준다. 의사의 진단법과 치료법이 빠르게 발전한다. 그러나 질병의 특성과 발생 메커니즘 역시 우리의 생활 조건 변화와 함께 역사적 변화를 겪었다.

뇌졸중 이후 초기의 열은 회복에 좋지 않다. 열은 주로 감염, 특히 뇌졸중 전에 발생한 감염에서 오지만, 폐렴을 유발하는 약화된 면역체계와 삼킴 장애의 결과일 수도 있다.

환자들은 뇌졸중 이후 처음에는 먹거나 마시지 말아야 한다. 뇌졸중 이후 흔히 삼킴 장애가 있기 때문이다. 뇌졸중 이후 모든 환자는 삼킴 장애 검사를 체계적으로 받아야 한다. 이 발견은 뇌졸중 치료에 큰 발전을 가져왔다. 뇌졸중 후 가장 빈번한 사망원인은 크게 부어오른 뇌경색이 아니라, 환자가 음식을 잘못 삼키고 특히 침을 삼키지 못해서 생기는 폐렴이었다. 잘못 삼킨 음식이 기도를 지나 기관지로 들어가(이것을 전문용어로 '흡인'이라고 한다) 폐렴을 유발한다. 뇌졸중 이후의 이런 흡인성 폐렴은 치명적 결과로 이어지거나 뇌졸중 회복을 저해할 위험이 높다. 그러므로 언어치료사를 통한 신속하고 체계적인 삼킴 장애 검사는 뇌졸중 이후 가장 중요한 조치에 속한다.

뇌졸중 이후 열흘째 되는 날, 바우어 씨는 신경 재활병원으로 보내졌다. 짧은 퇴원 면담에서 담당의사는 환자를 위해 가장 중요한 검사결과와 권고사항을 다시 한 번 요약했다. 쉬운 말로 천천히 설명하려 애쓰지만, 짧은 시간 안에 전달하기에는 너무 많은 정보다. 간략하게 진행된다. 금연. 오케이. 메시지가 전달되었다. 정말로 실행될지, 도와줄 사람이 있는지는 나중에 봅시다. 혈압과 혈당 조절. 직접 또는 병원에서 측정하고 수치 기록하기. 지켜 봅시다. 식단 바꾸기. 뭐요? 68세가 넘어서? 지금까지 아무 문제 없었는데? 술 줄이기. 하나 더! 운동 늘리기. 글쎄, 개를 키울 때는 좀 괜찮았는데, 지금은? 그리고 뇌졸중의 원인이 심장 색전증이라고 했는데, 아무래도 이상하다. 그러니까 내 병은 심근경색인가 뇌졸중인가?

끝으로 의사가 환자에게 작은 안내지를 건넨다. 개별적으로 작성된 환자 안내서가 더 좋았을 거라고 의사는 생각한다. 그거라면 어쩌면 환자가 읽지 않을까?

알폰스 바우어 씨, 이젠 안녕. 우리는 당신의 이야기를 여기서 끝낼 것이다. 당신은 현대의학의 '마의 산'을 이제 내려가도 좋다. 나머지는 보건당국의 일이다. 지금까지 이룩한 것들이 얼마나 지속될지는 미래가 알려줄 것이다.

· · · · ·

뇌졸중 그 후?

독일의 재활치료는 전체적으로 양호하다. 병동의 재활시설 외에, 부대시설이 있어서 외래 환자들도 이곳에서 낮에 치료를 받고 저녁에 집으로 간다. 그러나 일부 병원에서는 재활치료 기회를 얻기까지 대기시간이 너무 길다. 환자들이 물리치료와 언어치료를 완료하지 못한 채 중간에 퇴원하기도 한다. 또한, 재활 단계 종결 이후 후속 치료가 힘든 경우도 많다. 환자는 종종 재활 결과를 안정시키거나 더 발전시키기 위해 후속 치료가 필요하다. 특히 실어증의 경우 여러 달이 지나야 추가 개선이 가능하다. 그러나 외래 진료 간격이 종종 너무 길고, 치료가 중단되기도 한다.

또한 뇌졸중 후 여러 가지 합병증 위험이 있으므로 이를 예방하거나 초기 단계에서 발견할 수 있도록 주의를 기울여야 한다.

환자의 약 3분의 1이 뇌졸중 후 첫해에 급성으로 우울증과 불안증을 앓는다. 뇌졸중 이후 우울증은, 추가 고난은 차치하더라도, 회복 확률을 악화시킨다. 어떤 환자들은 퇴원 후 다시 옛날 직업으로 돌아갈 수 없음을 인식하면서 급격히 우울해진다. 이런 우울증은 잘 드러나지 않기 때문에, 그것을 간과하지 않기 위해 특정 의학적 질문을 해야 할 때도 있다. 예를 들어, 기쁨을 느끼는가? 아침에 활기차게 일어나는가, 아니면 반나절을 침대에서 보내는가? 고민이 많고 같은 생각이 계속해서 머리를 떠나지 않는가? 우울증과 불안증은 뇌졸중과 관련된 문제 때문에 생기지만, 단순히 신경전달물질의 변화로도 생길 수 있다. 그래서 뇌졸중 이후 우울증이 생긴 환자는 약물치료나 정신과 치료가 종종 필요하다. 많은 환자가 우울증이나 불안증과 별개로, 뇌졸중 이후 병적 피로감과 무기력증으로 업무능력이 떨어져 힘들어한다.

정신적 요인도 뇌졸중 발병에 영향을 미칠까? 그렇다. 우울증이 첫 뇌졸중의 위험을 약 50퍼센트 높인다는 신뢰할만한 증거가 있다. 그러므로 정신적 육체적 건강이 완전히 상호작용한다.

뇌졸중 환자의 약 10퍼센트가 발병 이후 몇 달 안에 치매 증상을 보인다. 일상 생활의 부담과 또다른 합병증을 예방하기 위해서라도 이것을 알아차릴 수 있어야 한다. 뇌졸중 이후 첫해에 환자의 50퍼센트 이상이 잘 넘어지고 이때 약 5퍼센트가 중상을 입는다. 그러므로 넘어질 위험을 계속해서 체계적으로 점검하고, 환자가 보행보조기, 휠체어, 교정기 등 적합한 형식의 도움을 받는 것은 중요하다. 미끄러질 물건(예: 카펫, 바퀴의자)을 치워야 한다. 변기의 높이를 올리고, 샤워장에 의자를 두고, 계단에 리프트를 설치하는 등, 집을 고쳐야 할 수도 있다.

특별히 중요한 과제는 또 다른 뇌졸중과 심근경색이 일어나지 않게 예방하는 것이다. 그러므로 앞에서 설명한 위험요인과 혈액 응고에 영향을 미치는 약물을 정기적으로 점검해야 한다. 약물에 의한 뇌졸중 재발률은 최근 몇 년 동안 계속해서 감소했다. 그러나 일상적인 생활방식에서도 그런지는 회의적이다. 연구에 따르면, 환자의 5.6퍼센트가 90일 이내에 다시 뇌졸중을 앓고, 10.3퍼센트가 다른 이유로 다시 병원에 입원할 수밖에 없다. 최적화 필요성을 일깨우는 수치다.

뇌졸중 이후의 후속 관리는 주로 일반 병원에 달렸다. 뇌졸중 전문병원이 거의 존재하지 않고, 진료과목 분리가 심한 의료 시스템에서 종합병원이 환자의 후속 관리까지 맡기는 힘들고 맡더라도 매우 선택적으로만 가능하다. 세계 뇌졸중 기구(WSO)는 뇌졸중 이후 모든 환자의 위험과 합병증에 대한 체계적인 정기검진을 권장하며 체크리스트를 작성했다. 그러나 독일에서는 그런 표준화된 절차가 거의 이행되지 않는다.

독일 뇌졸중 협회(DSG)가 개발한 뇌졸중 환자를 위한 후속 관리 프로그램이 현재 개별 지역에서 시험 중에 있다. 일반 병원과 종합병원이 긴밀하게 협력한다. 환자는 뇌졸중과 개인적인 위험요인에 대해 상세하게 설명을 듣고, 의사와 환자가 개별 치료 목표를 합의하고, 환자는 이 목표를 이루도록 동기부여를 받는다. 환자와 가족에게 권장 식단이 제공된다. 일종의 건강관리 수첩에 관련된 모든 결과, 치료, 약물이 기록된다. 일반 병원과 종합병원에서 정기적으로 검사를 받는 것은 위험요인을 통제하는 데 도움이 될 뿐 아니라, 우울증과 불안증, 인지 능력 저하와 낙상 위험을 체계적으로 관리하는 데도 도움이 된다.

뇌졸중 증상은 무엇인가?
응급상황에서 무엇을 해야 할까?

　뇌졸중의 증상은 매우 다채롭다. 가장 흔한 증상은 편마비이다. 몸의 왼쪽 또는 오른쪽 절반이 마비된다. 가벼운 증상으로는 손이나 안면 근육의 긴장도가 약해지는 것인데, 그러면 그 유명한 '구안와사'가 되어 입이 삐뚤어진다. 무감각증 또는 감각이상도 드물지 않게 발생한다. 바우어 씨의 경우처럼 실어증이나 어눌한 발음도 주요 증상이고, 그 외에 한쪽 눈 또는 양쪽 눈의 시야 절반에 시력 소실이 생길 수 있다. 소뇌나 뇌줄기의 경색이면, 손으로 물건을 제대로 잡지 못하고, 서 있거나 걷는 자세가 불안정한 협응 장애가 발생할 수 있다. 이런 것들이 뇌졸중의 주요 증상이다.

　전두엽의 경색은 무감정, 무관심, 전반적인 사고 둔화 등, 성격 변화로 이어질 수 있다. 두정엽에 경색이 있으면 기기를 다루는 데 문제가 생길 수 있다. 뇌줄기의 경색3장, 그림 7(83쪽)이면, 앞에서 말한 증상 이외에, 빙글빙글 도는 듯한 현기증, 이미지가 겹쳐 보이는 복시 또는 말을 못 하는 증상이 있을 수 있다. 최악의 경우로 기저동맥이 막혔을 때는 사지마비와 의식불명 상태가 될 수 있다. 그러면 생명이 위협받는 위급한 상황이므로 즉시 카테터 시술로 기저동맥의 막힌 부분을 뚫어야 한다.

실용적 조언

뇌졸중의 예상되는 여러 증상 중에서 가장 중요한 것을 꼽자면,

1. 마비
2. 감각 장애
3. 언어 장애
4. 실명이다.

응급상황에서 간단한 절차로 뇌졸중 여부를 확인할 수 있다.

1. 환자에게 말을 시킨다. 환자의 발음이 어눌하거나 샌다면, 이해를 못 하거나 몇몇 단어만 말한다면, 언어 장애 또는 실어증일 수 있다. 만약 스스로 말하지 못하면, 단순한 문장을 따라하게 하라.
2. 얼굴과 표정을 관찰하고 웃어보라고 청한다. 뒤틀린 얼굴 또는 비뚤어진 입은 마비를 뜻한다.
3. 손바닥을 위로 향하게 하여 양팔을 들게 하라. 이것을 못 하는 쪽이 있다면 편마비일 것이다.

뇌졸중이 의심될 경우 지체없이 구급대를 불러야 한다.

1. 119에 전화하라.

2. 확인한 증상을 말하고 뇌졸중이 의심된다고 알려라.

3. 환자를 혼자 두지 말고, 먹을 거나 마실 것을 절대 줘서는 안 된다.

4. 구급대원을 위해 증상과 그것을 확인한 시각을 기록하라.

5. 무조건 가능한 한 빨리 뇌졸중 병동이 있는 병원으로 보내야 한다. 뇌졸중은 1분 1초가 중요하기 때문이다!

3

뇌는 어떻게 일하나

"뇌는 컴퓨터와 비슷하다. 다양한 정보를 저장하고, 하드가 가득 차면 뭔가는 다시 지워질 수밖에 없다." 뇌는 대략 이런 식으로 설명된다. 맞는 말일까 틀린 말일까? 이 장의 끝에서 우리가 어떤 결과에 도달하게 될지 보자.

먼저 고백하자면, 우리 신경과 의사들은 다른 모든 과와 달리 우리가 주로 다루는 신체기관에 대해 아는 것이 거의 없다. 그러나 우리에게는 좋은 핑계가 있다. 뇌는 다른 모든 신체기관보다 훨씬 더 복잡하고, 최근에야 비로소 현대 뇌 연구가 서서히 딱딱한 두개골 상자 안에 빛을 비추기 시작했다. 뇌는 꼭꼭 숨어 있어 밖에서 전혀 볼 수 없다. 주름이 많은 호두처럼 생겼고, 푸딩처럼 물렁물렁하며, 무게는 약 1.5킬로그램이다. 약 860억 개의 특화된 신경세포, 즉 뉴런으로 이루어졌는데, 모든 뉴런은 하나에서 20만 개에 이르는 시냅스에 의해 다른 뉴런과 연결되어 있다. 그렇게 생겨난 약 100조 개에 달하는 신경섬유연결이 뇌에 퍼져있다. 그 패턴은 사람마다 제각각 다르다. 이런 '배선도'가 우리의 '자아'를 구성한다.

한 명의 뇌를 도식화하는 데도, 추측하기로 오늘날 전 세계의 정보를 저장할 만큼의 저장 용량이 필요할 것이다. 유럽위원회의 인간 뇌 프로젝트가 한 명의 뇌를 도식화하려 시도한다. 뇌의 복잡성과 윤리 문제 때문에 사람을 대상으로 다양한 실험을 할 수는 없다. 그래서 우선 쥐의 뇌를 실험하여 많은 질문의 해답을 찾고자 한다. 뇌에 관한 한 확실히 겸손할 필요가 있다.

뇌의 '배선도'는 언제나 순간포착에 불과하다. 인간의 인식, 감정, 사고가 끊임없이 새롭게 연결되고, 필요하지 않은 옛날 연결은 잠든다. 뇌세포 사이의 상호작용이 전기 및 화학 차원에서 초 단위로 수없이 일어난다. 뇌는 학습하고 끊임없이 변한다. 다행히 이 과정은 노년에도 계속된다.

우리 신경과 의사들은 환자를 진료하고 치료하기 위해, 건강한 뇌의 기능방식을 단순화하여 보는 것에 만족할 수밖에 없다.

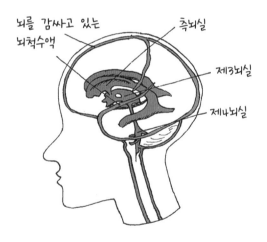

그림 3 : 뇌 뇌척수액이 안팎으로 뇌를 보호한다.

먼저 뇌의 큰 구조부터 보자그림 3. 뇌는 단단한 두개골 안에 안전하게 있는데, 세 가지 뇌막이 엄마처럼 감싸고 있다. 가장 바깥에는 딱딱한 경막(dura mater 글자 그대로 옮기면 딱딱한 엄마), 가장 안쪽에는 부드러운 연질막pia mater, 그리고 중간에는 거미줄을 닮은 거미막Arachnoidea이 있다. 부드러운 연질막과 거미막 사이에 뇌척수액이 채워져 있다. 말하자면, 뇌는 두개골뿐 아니라 수압을 통해서도 충격으로부터 보호된다. 이 투명한 액체는, 뇌 중앙에 있는 네 개의 뇌실에서 만들어져 역시 뇌척수액을 감싸고 있는 거미막과 연질막 사이 공간으로 보내진 후, 좌뇌와 우뇌 사이의 대정맥에 다시 흡수되어 혈류로 돌아간다. 이 액체의 생산과 재흡수 사이의 균형이 깨지면 무슨 일이 벌어지는지를 6장에서 배우게 될 것이다.

우리의 뇌는 대뇌가 지배하는데, 그것이 인간과 동물의 차이다. 대뇌가 뇌의 모든 부분을 덮고 있고, 그 모습이 마치 무릎을 꿇고 엎드려 있는 것처럼 보인다그림 4. 좌뇌와 우뇌 사이에는 둘을 분리하는 틈이 있는데, 이 틈은 '뇌들보'라는 구조까지 이어진다. 뇌들보에는 섬유조직이 있고, 이 섬유조직을 통해 좌뇌와 우뇌가 서로 소통한다그림 7(83쪽) 참조. 좌뇌와 우뇌는 각각 네 개의 엽으로 나뉜다. 후두엽, 두정엽, 측두엽 그리고 가장 큰 부피를 차지하는 전두엽. 뇌의 표면은 주름이 깊게 잡혀 이랑gyrus과

고랑sulcus으로 구성되고 호두와 비슷하게 생겼다. 그래서 대뇌의 약 3분의 1이 눈에 보이고, 나머지는 고랑 안에 감춰져 있다.

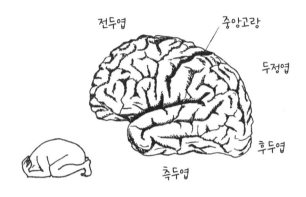

그림 4 : 옆에서 본 뇌의 모습

뇌는 주름이 깊게 잡혀 이랑과 고랑이 있고, 호두를 닮았다.

주름진 뇌표면 바깥에 뉴런이 있다. 나무를 감싸고 있는 껍질처럼, 뉴런이 뇌피질을 형성한다. 뇌피질은 1.5~5밀리미터 두께에 회색이고, 그래서 회색질이라 불린다. 회색질 아래에 골수라 불리는 백색질이 있다. 백색질은 뉴런을 뇌 깊은 곳까지 보내는 신경섬유와 신경섬유를 감싸는 세포들로 구성된다. 이런 신경섬유는 중추신경계에서 멀리 떨어져 있는 영역

을 서로 연결한다. 예를 들어 운동섬유는 척수까지 내려가고그
림 8(85쪽) 참조, 같은 뇌반구를 연결하거나(연관섬유) 두 뇌반구
(좌뇌와 우뇌)를 서로 연결할 수 있다(교련섬유). 우리 뇌의 복
합적 협업은 백색질(골수)의 다양한 연결을 통해 이루어진다.

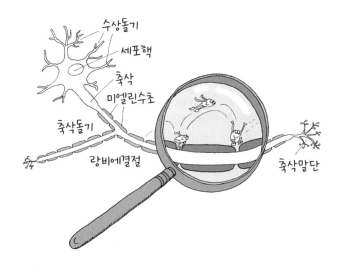

그림 5 : 신경세포, 뉴런 자극이 점프 방식으로 퍼진다.

미니어처로 보는 뇌의 세계

뉴런과 다른 세포의 구조를 조금 더 자세히 알려면, 먼저 소

우주 차원으로 내려가야 한다. 뉴런은 신경계에서 일어나는 정보 전달의 기본요소이다그림 5. 뉴런은 세포핵을 가진 세포체, 수상돌기라는 무수히 많은 잔가지들, 축삭이라는 큰가지 하나로 이루어져 있다. 나무의 잔가지처럼 다양한 모양과 수로 뻗어있는 수상돌기를 통해, 뉴런은 다른 뉴런으로부터 정보를 받는다.

각각의 뉴런에는 축삭이 하나뿐이지만, 이것은 여러 곁가지로(축삭돌기) 나뉠 수 있다. 축삭을 통해 정보가 다른 뉴런으로 계속 전달된다. 이것을 위해 축삭은 축삭말단을 가진 여러 곁가지로 나뉘고, 이것이 다른 뉴런과 소통한다. 축삭의 길이는 최대 1미터일 수 있다.

축삭은 미엘린수초라는 물질로 감싸져있는데, 이것이 축삭을 보호하고 전기적 정보 전달도 개선한다. 축삭 주위를 감싸 보호하는 미엘린수초는 특수세포(희소돌기아교세포)로 구성된다. 축삭에는 미엘린수초가 감싸고 있지 않은 좁은 부분이 있는데, 이것을 랑비에결절이라 부른다. 정보 전달은 전기 자극을 통해 축삭을 따라 이행된다. 이때 전기 자극이 랑비에결절에서 랑비에결절로 점프해 이동하고, 그렇게 정보 전달이 빨라진다.

뉴런은 시냅스를 통해 서로 연결되어있다. 신경전달물질이 시냅스를 통해 한 세포에서 다음 세포로 이동한다. 전기 자극이 축삭말단에 도달하면 신경전달물질을 함유한 소포체와 세포막이 융합한다. 신경전달물질이 세포에서 분비되어 다음 뉴런의 수신소(수용체)로 전달된다. 그곳에서 신경전달물질은 활성 또는 억제 효과를 펼친다.

중추신경계에서 가장 중요한 활성 신경전달물질은 글루탐산이고, 가장 중요한 억제 신경전달물질은 감마아미노뷰티르산, 줄여서 GABA이다. 그 밖의 중요한 신경전달물질에는 도파민, 아세틸콜린, 세로토닌이 있다. 뉴런과 뉴런망은 그들이 사용하는 신경전달물질에 따라 분류된다. 뉴런은 대개 '전선처럼 서로 연결되어 있지 않고', 살짝 틈이 있는데, 이 틈에서는 화학적으로 소통한다. 전기적으로 소통하는 시냅스도 있는데, 그런 경우에는 자극이 곧바로 다음 뉴런으로 점프한다.

그러나 뇌에서 가장 많은 세포는 뉴런, 즉 신경세포가 아니다. 신경아교세포가 훨씬 더 많다. 미엘린수초를 구성하는 희소돌기아교세포, 시냅스를 밀폐하여 전달물질의 효과를 시냅스 틈에 한정하는 성상세포, 세포성분을 먹어치워 청소하고 질병이 생겼을 때 활성화되는 소교세포가 모두 신경아교세포에 속한다.

그리고 당연히 뇌에는 혈관이 아주 많다. 뇌는 아주 예민하게 끊임없이 산소와 영양소 공급을 요구한다. 뇌의 무게는 총 몸무게의 약 2퍼센트에 불과하지만, 혈액의 15~20퍼센트를 공급받고 영양소의 약 20퍼센트를 소비한다. 주로 글루코제(포도당)에 의존한다.

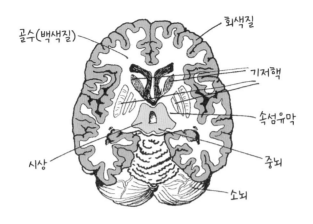

그림 6 : 뇌 횡단면

뉴런은 주로 바깥에 있지만, 기저핵과 수면을 담당하는 시상에도 있다.

이제 크게 뇌 전체를 보자. 뉴런은 대뇌피질을 구성하지만, 모든 뉴런이 피질에 있는 건 아니다. 백색질 안쪽에 기저핵이라는 뉴런 다발이 있다그림 6. 기저핵은 대뇌피질의 운동핵과 밀접하게 연결되어 있고, 우리의 움직임을 조종하는 중요한 부분이다. 기저핵은 움직임의 시작과 미세 조정에 관여하고 근육의 기본 긴장도를 조절한다. 기저핵 손상은 파킨슨병뿐 아니라 통제되지 않은 급작스러운 움직임도 유발할 수 있다.

대뇌와 뇌줄기의 다리 역할을 하는 것이 사이뇌인데, 사이뇌의 대부분을 시상이 차지한다. 여기가 뇌의 중앙이다. 가장 작은 공간에서 수많은 과제가 수행된다. 이 작은 '뒷방'은 우리의 감각기관뿐 아니라 내부장기 및 뇌줄기와 소뇌에서 보내는 모든 자극의 집합소이다. 이 안에서 다양한 자극이 조정되고 통합되고, 대뇌로 가는 도중에 전환된다. 시상은 대뇌로부터 다시 다양한 피드백을 받는데, 예를 들어 대뇌피질의 운동 영역으로부터 피드백을 받아 운동 과정을 수정한다. 시상은 '의식의 관문'으로 통하는데, 모든 정보가 시상을 통과해야 비로소 의식될 수 있기 때문이다.

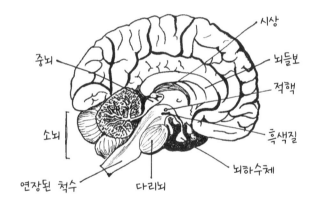

그림 7 : 뇌 종단면 중요한 기능을 하는 뇌줄기와 소뇌

발달사적으로 뇌에서 가장 오래된 부위인 뇌줄기가 척수로 가는 다리 구실을 한다. 뇌줄기는 위에서 아래로 차례대로 중뇌,

다리뇌, '연장된 척수', 세 부분으로 구성된다그림 7. 뇌줄기에는, 머리, 얼굴, 목 부위를 담당하는 뇌신경 열 개의 핵심영역이 들어있다. 그러나 무엇보다 몸과 뇌를 연결하는 모든 상행 경로와 하행 경로가 가장 좁은 이곳을 통과하고, 그중 일부는 이곳에서 교차하거나 전환된다. 그래서 이곳을 아주 조금만 다쳐도 중증 장애로 이어질 수 있다. 또한 뉴런의 확산망인 그물체도 뇌줄기 전체를 통과한다. 그물체는 심혈관계 및 호흡 활동 같은 매우 중요한 신체기능을 제어하고 우리의 의식을 조절한다.

뇌줄기와 연결된 소뇌는 두개골의 뒤편 우묵한 자리에 있다. 소뇌의 무게는 전체 뇌의 약 10퍼센트에 불과하지만, 전체 뉴런의 절반 이상이 들어있다. 소뇌는 부드러운 잎이 달린 작은 나무처럼 생겼고, 소뇌반구 두 개와 중간에 놓인 충부로 구성된다. 소뇌는 우리의 움직임을 조정하는데, 소뇌가 손상되면 눈에 보이는 사물을 손으로 잡지 못하고 몸의 균형도 잡지 못한다.

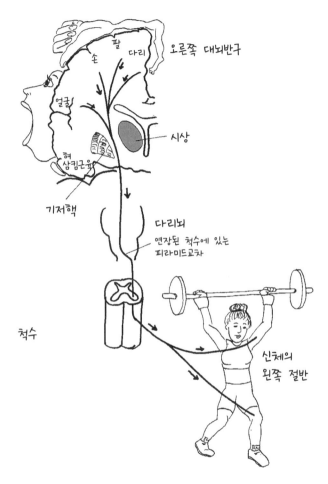

오른쪽 대뇌반구

팔

손

다리

얼굴

시상

혀
삼킴근육

기저핵

다리뇌
연장된 척수에 있는
피라미드교차

척수

신체의
왼쪽 절반

그림 8 : 동작 발생 원리

운동 경로는, 신체 부위를 다양한 면적으로 대표하는 중앙주름의 앞
부분에서 시작하여 신체의 반대편 근육으로 이어진다.

동작 제어 원리

뇌 구조를 간략하게나마 총괄했으니, 이제 중요한 몇 가지 과제를 중심으로 뇌가 어떻게 일하는지 알아보자. 동작 제어 과제부터 보자.

중앙 고랑이 전두엽과 측두엽을 분리한다. 중앙고랑그림 4(78쪽). 그림 8 앞의 꼬불꼬불한 둔덕에 운동 뉴런이 있고, 뇌는 이 뉴런으로 동작을 제어한다. 얼굴을 담당하는 영역은 측두엽 방향 멀리 아래쪽, 손가락과 손 그리고 팔을 담당하는 영역 앞에 있다. 다리와 발은 맨 위쪽, 두개골 뚜껑 밑, 좌뇌와 우뇌 사이에 있는데, 이 영역은 얼굴이나 손가락 담당 영역보다 훨씬 좁다그림 8.

표정을 짓는 안면 근육과 손가락은 발가락이나 다리보다 훨씬 더 다양하고 미세한 동작을 하고, 미세하게 조절된 이런 동작에는 훨씬 많은 운동 뉴런이 필요하기 때문이다. 미엘린수초에 두껍게 감싸져 빠르게 전도되는 신경섬유가 중앙 고랑 앞의 둔덕에서 출발하여 백색질을 통과한다. 기저핵과 시상 사이에는 신경섬유가 속섬유막이라는 특수한 구조로 밀집되어 있다그림 6(82쪽). 이 지점에 작은 경색이 심각한 결과를 가져와 중증 편마비를 유발할 수 있다!

피라미드 교차라고도 불리는 경로가 중뇌와 다리뇌의 앞부분을 지난 다음, 연장된 척수 안에서 신체의 반대편으로 건너간다. 이런 교차로 인해 우뇌의 운동 영역에 손상이 생기면 왼쪽 편마비가 생기고, 좌뇌에 손상이 생기면 오른쪽 편마비가 생긴다. 피라미드 교차는 척수에서 끝난다. 그곳에서 신경섬유는 이른바 두 번째 운동 뉴런으로 전환되는데, 이 뉴런의 축삭은 척추에서 뻗어나와 근육 조종 신경을 형성한다. 그러나 피라미드 교차 혼자서는 동작을 세밀하게 조절하지 못한다. 소뇌, 기저핵, 중뇌의 핵심 영역, 흑색질, 적핵의 도움이 있어야 한다(그림 7(83쪽).

. . . . .

주변 환경 탐색 원리

동작의 경우, 대뇌피질 뉴런의 자극이 팔다리 근육으로 전달되고, 감각의 경우, 정보가 반대로 팔다리에서 대뇌로 흐른다. 피부에는 특수 감각기관들이 있다. 촉감과 압력뿐 아니라 온도까지 담당하여 주변 환경을 탐색하고 감지하는 수용체가 있다. 더 깊은 곳에 수용체기관이 있는데, 이것이 근육과 힘줄의 긴장 상태나 관절의 위치를 보고한다. 피부에 있는 자유 신경종말은 온도와 통증 정보를 전달한다. 이 모든 수용체기관의 정보들은 신경섬유를 타고 척수로 유도된다.

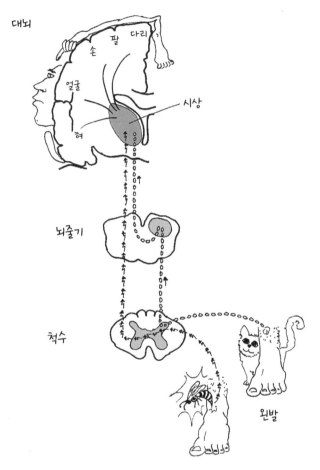

그림 9 : 감각의 원리

감각 경로는, 피부에서 시작하여 중앙 고랑 뒷부분 둔덕까지 이어진다. 통증과 온도 경로와 촉각 경로는, 척수에서 시작하여 시상까지 각각 개별로 진행된다.

통증과 온도를 전하는 경로와 촉감과 압력 그리고 근육, 힘줄, 관절에서 온 정보를 전달하는 경로가 척수에서부터 각각 다른 길로 갈라져 반대편 시상으로 간다. 그곳에서 계속해서 중앙고랑 뒷부분의 둔덕으로 간다. 그곳에는 운동 피질에서처럼 신체 영역이 각각 배정되어 있고, 각각의 중요도에 따라 다른 넓이의 공간을 차지하는데, 얼굴과 손가락, 손이 압도적 차이로 넓은 부분을 차지한다그림 9. 손가락으로 사물을 더듬어 그 형태와 크기와 표면 상태를 알아내려면, 그 모든 촉각 정보들이 신경섬유를 통해 측두엽의 넓은 영역과 연결되어 과거의 촉각 경험과 비교되어야 한다. 근육과 힘줄, 관절에서 온 정보들은 대부분 교차되지 않은 채, 즉 척수의 같은 쪽을 지나 소뇌에 도달한다. 소뇌는 무의식적으로 근육의 협응을 조종할 수 있다.

· · · · · ·

시각 원리

촉각, 미각, 후각, 청각, 시각. 우리가 주변 환경을 탐색하는 다섯 가지 감각이다. 거의 모든 사람이 시각을 가장 중요한 감각으로 분류할 것이다. 두뇌의 약 3분의 1이 시각 정보를 작업하는데 몰두한다. 그러므로 이 감각을 더 자세히 이해해보자. 눈의 망막은 시각 정보의 수신기관이다. 그것은 시신경과 마찬가지로 뇌의 돌출 부위이고 간상체와 원추체라는 두 가지 감각세포와 신경세포로 구성된다. 간상체가 명암을 감지하고 원추체가 색을 담당한다는 이론이 있는데, 이것은 오늘날 다시 의심을 받는다.

빛은 감각세포에 광화학 반응을 일으킨다. 광화학 반응은 전기 자극을 변환하여 총 네 개의 뉴런 연쇄를 지나 후두엽의 시각피질로 보낸다. 망막에 모사된 물체가 이때 거울에 비친 것처럼 뒤집힌다.

시신경에는 약 백만 개의 섬유가 있는데, 이 섬유다발의 절반이 시신경교차에서 반대쪽으로 교차한다. 관찰자의 오른쪽 시야에 잡힌 물체는 오른쪽 망막의 코쪽 절반과 왼쪽 망막의 관자놀이쪽 절반에 상이 맺힌다. 시신경섬유는 시신경교차 부분에서 오른쪽 망막의 코쪽 절반이 왼쪽으로 가서, 왼쪽 망막의 관자놀이쪽 절반 섬유와 만나 시신경로라는 새로운 구조로 합쳐진다. 이들은 왼쪽 시상의 핵심 영역에 도달하고 그곳에서부터 시각광선을 지나 왼쪽 후두엽에 있는 시각피질에 도달한다. 이때 망막에서 온 정보가 한 점 한 점 기록된다. 왼쪽 시각피질은 시야의 오른쪽을 담당하고 오른쪽 시각피질은 시야의 왼쪽을 담당한다그림 10.

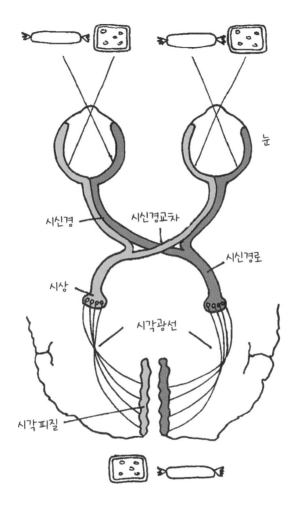

그림 10 : 시각 원리

눈에서 출발하여 시신경교차를 지나 후두엽에 있는 시각센터에 도달하는 시각경로 왼쪽 시각광선 또는 시각피질에 경색이 있으면, 양쪽 눈의 오른쪽 시야에 잡히는 시각 이미지가 누락된다. 시각피질은, 반대편 시야의 특정 위치에 들어오는 자극에 특정 방향으로 반응하는 뉴런 기둥으로 구성된다. 일부 뉴런들은 색깔 인식을 담당하고, 일부는 정보가 한쪽 눈에서만 오면 활동에 나선다. 이 정보는 섬유를 통해 이웃한 2차 시각 피질로 전달되고 그곳에서 분류되어 경험치와 비교된다. 놀랍게도, 시각피질에서 시상으로 돌아가는 정보가 시상에서 시각피질로 가는 원래 정보보다 훨씬 더 많다. 시상은 시각피질에서 온 정보를 기대한 정보와 비교하고, 다른 뇌 영역의 정보까지 더하여 그것을 통합한다.

여담으로 색깔 얘기를 잠시 하자면, 우리의 주변 환경은 칼라이고 뇌는 '그저' 이 다채로운 세계를 보여주는 걸까? 아니다. 우리의 주변 환경은 흑백이다. 색깔은 우리가 빛이라고 부르고 지각할 수 있는 좁은 전자기 스펙트럼의 해석을 통해 우리의 인식에서 비로소 생겨난다. 우리의 주변 환경은 색이 없다. 무디고 냄새도 없다. 우리의 뇌가 시각, 청각, 그 외 다른 감각적 인상을 만들어낸다. 그리고 시각은 단지 눈에만 국한되지 않는다. 시각은 몸 전체의 경험이다. 실험에 따르면, 활기차게 움직이는 새끼 동물이 제한된 경험만 한 동물보다 훨씬 더 잘 본다. 뇌는 시각 인상이 움직임을 통해 어떻게 바뀌는지 배워야 한다. 시각 학습은 능동적 과정이다. 신체 활동과 두뇌 역량은 일반적으로 생각되는 것보다 훨씬 더 밀접하게 관련이 있다. 이것은 뒤에서 다시 다루기로 하자.

· · · · ·

동물과 인간의 차이 – 언어

동작, 촉각, 시각. 이런 능력은 동물도 가졌다. 그러나 언어는 다르다. 인간이 다른 사람의 말을 이해하고 스스로 말을 할 수 있게 만드는 것은 무엇일까? 우리 신경과 의사들은, 입과 성대 사이의 발성기관으로 만들어내는 소리와 단어를 연결하여 올바른 문장으로 서로 소통하는 언어를 구별한다. 발성기관이 만드는 소리는 복잡한 운동 능력인 반면, 언어는 인지 능력이다. 발성을 담당하는 운동 영역은 언어를 담당하는 인지 영역과 멀리 떨어져있다. 발성과 언어 둘 다 각각 독립적으로 손상될 수 있다.

언어를 담당하는 영역은 청각 정보만 담당하는 영역과도 떨어져 있다. 언어 같은 복합적 인지 능력은 이른바 '멀티 연합 영역'이 담당하는데 이것은 뇌 표면의 절반을 차지하고 그래서 인간 뇌를 특징 짓는다. 언어에 중요한 영역은 오른손잡이 모두 그리고 왼손잡이 절반 이상이 좌뇌에 있다. 왼쪽 전두엽(브로카 영역)과 측두엽 뒷부분(베르니케 영역)에 중요한 언어센터가 있다 그림 11.

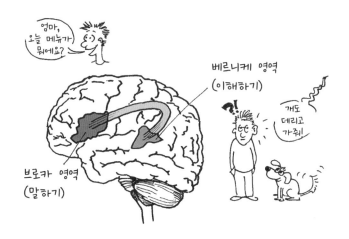

그림 11 : 우리는 어떻게 말하고 이해할까

가장 중요한 뇌 언어센터

베르니케 영역은 언어 이해를 담당한다. 즉, 단어로 인식된 소리들을 분석한다. 이 영역은 언어적으로 의미 있게 인식하는 신호와 소리에 활성화된다. 언어적으로 의미가 없는 소리인 경우에는 시각피질이나 청각피질만 활성화된다. 브로카 영역은 단어와 문장의 구성을 담당한다. 단어들을 떠올릴 때 벌써 활성화된다. 베르니케 영역과 브로카 영역은 아치 모양의 연결로를 통해 밀접하게 서로 이어져 있다.

언어 장애는 브로카 또는 베르니케 영역의 손상만으로 생기는 게 아니다. 이 영역과 연결된 광범위한 네트워크에 장애가 생겨도 언어 장애가 발생한다. 뇌의 언어 및 다른 고차원 능력은 오늘날 뇌 전반에 퍼진 네트워크의 능력으로 통한다. 예를 들어 왼쪽 시상의 병변으로도 언어 장애가 발생할 수 있다.

우뇌가 언어의 리듬, 억양, 어조에 기여한다. 우뇌는 또한 좌뇌 손상으로 언어 장애가 생긴 후 뉴런의 회복 및 재구성에 도움을 준다. 단순화해서 말하면, 일반적으로 좌뇌는 합리적이고 분석적인 면을, 우뇌는 감성적이고 창의적인 면을 더 많이 담당한다. 예를 들어 음악가의 삶은 우뇌에 있다. 우뇌 손상은 왼쪽 공간이나 신체의 왼쪽 절반을 감지하지 못하고 또는 스스로 질병을 자각하지 못할 수 있다. 반면 계산, 읽기, 복합적 행동 수행은 좌뇌가 담당한다.

. . . . .

우리는 어떻게 결정하나

뇌는 유년기와 청소년기에 걸쳐 발달한다. 뇌 발달에는 감각 경험과 정서적 애정이 필요하다. 두뇌는 결코 그냥 가만히 있지 않고 늘 활발히 움직인다. 가장 단순한 작용 뒤에도 수십억 뇌세포의 상력한 상호작용이 있다. 많은 일이 무의식적으로 수행된다. 신경 질환 후, 지금까지 당연했던 것들을 새로이 배우고 의식적으로 수행해야 하는 사람은, 뇌가 그동안 일상에서 어떤 위대한 능력을 발휘했는지 비로소 깨닫게 된다.

의식은 어떻게 생겨날까? 오늘날 아직 이 질문에 확정적으로 대답할 수 없다. 그러나 의식이 뇌의 수십억 신경 요소들의 복합적 협업에서 생기는 것은 확실하다. 루틴만으로는 대응할 수 없는 뭔가 예기치 않은 일이 발생하면, 의식이 커진다. 그래서 우리는 딴 생각에 빠져서도 긴 구간을 문제없이 운전하고, 그러다 정체 구간을 만나면 의식을 차린다. 우리가 결정을 내려야 할 때, 목표 갈등이 있을 때, 의식이 활성화된다. 오래전에 반박되었듯이, 인간은 결코 완벽하게 합리적인 존재가 아니고 모든 것을 비용과 효용 관점에서 저울질하지도 않는다. 경쟁 관계에 있는 수많은 뉴런 네트워크가 우리의 결정에 참여한다. 엄격히 논리적 사고를 통해서만 결정하기에는 삶의 상황이 너무 복잡할 때가 종종 있다. 삶에서 얻은 경험과 감정적 요인들이 중요한 역할을 한다. 이때 '직감'이 종종 더 영리하고 강력한 심사 기관일 수 있다. 전두엽의 중간 및 눈에 가까운 부분, 전통적으로 변연계로 분류되는 구조들, 예를 들어 해마체, 편도체, 전측 대상피질, 그리고 뇌하수체와 연결되어 신체의 다양한 호르몬과 관련된 사이뇌의 일부인 시상하부 등이 감정 네트워크에 속한다그림 12. 감정과 무의식이 결정에 관여한다면, 우리는 과연 정말로 자유의지로 행동하는 것일까? 이 질문은 매우 복합적이고 이 책이

다룰 수 있는 한계를 훌쩍 넘는다. 그러나 적어도 우리는 그 어떤 신경과학 실험도 자유의지의 존재를 부정할 수 없었음을 재확인할 수 있다.

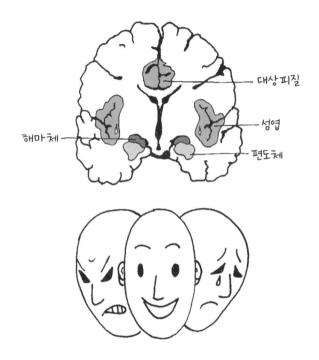

그림 12 : 감정 네트워크 — 변연계

우리의 두뇌 - 슈퍼컴퓨터?

이 장을 시작하면서 물었던 질문으로 돌아가자. 세계의 어느 컴퓨터도 인간 두뇌의 계산 능력을 비슷하게라도 따라가지 못한다. 두뇌는 게다가 매우 효율적으로 에너지를 절약하며 작업한다. 또한, 오늘날의 컴퓨터와 두뇌는 질적으로도 완전히 다르게 작업한다. 두뇌는 인식기관이다. 두뇌는 주변 환경을 절대 단순하게 각각 개별로 인식하지 않는다. 그랬더라면 우리는 분명 감당하지 못할 과부하에 걸렸을 터이다. 두뇌는 우리가 이미지, 소리, 텍스트를 정확하게 저장하는 컴퓨터에서 기대하는 것처럼 완벽하게 똑같이 주변 환경을 복사하지 않는다. 두뇌는 우리를 위해 현실을 선별하고, 경중을 가늠하여 재구성한다. 그래서 우리는 개개인에게 맞춰 조절된 현실을 인식한다. 이때 의식이 생명체에서만 발생할 수 있는지, 아니면 미래에 전기 네트워크에서도 가능한지는 나중에 드러날 것이다. 여기서 상세하게 다룰 수 없는 기억 역시 컴퓨터 하드처럼 작동하지 않는다. 기억은 다큐멘터리영화가 아니라 주관적으로 편집되고 수정된 것으로, 과거를 단지 단편적으로 그리고 역동적 과정으로 재현한다.

우리의 두뇌는 컴퓨터가 아니다. 그러나 전자 장치와 연결할 수 있다. 난청이 심한 사람은 달팽이관을 이식하고 듣는 법을 다시 배울 수 있다. 마이크가 귀에 이식되고 이것이 소리를 디지털화하여 신호를 청각 신경으로 중개한다. 처음 연결하자마자 곧바로 말을 알아듣는 게 아니다. 두뇌가 우선 듣는 법을 새롭게 배워야 한다. 촬영 이미지가 디지털화되어 시신경으로 중개되는 망막 이식도 비슷하다. 다른 한편, 마비환자들은 팔다리의 움직임을 상상하여 컴퓨터에 중개함으로써 요구된 행동을 로봇팔이 수행하게 할 수 있다(뇌-컴퓨터 인터페이스).

우리의 두뇌는 매우 유연하고 학습 능력이 뛰어나다! 그러므로 우리는 그것을 잘 돌봐야 하리라.

4

신경과 근육이

협력하지 않으면

"지금도 일하는 걸 좋아하고, 무엇보다 책을 많이 읽고, 집필 작업도 간간히 계속하고 있습니다. 하지만 최근 들어 점점 더 힘들어져요." 75세의 은퇴한 철학 교수 렌너 박사가 꼿꼿한 자세로 의자에 앉아있다. 오른손으로 턱을 괴고, 한쪽 눈씩 번갈아 감았다 떠서 마치 불안하게 눈을 깜빡이는 것처럼 보인다. "석 달 전쯤부터 시작되었습니다. 저녁에 책을 좀 오래 읽으면 눈이 피로해져서 글자들이 보이질 않았어요. 어떨 땐 오른쪽이 어떨 땐 왼쪽이. 그다음 두 줄로 겹쳐 보였고 그래서 어쩔 수 없이 늘 한쪽 눈을 감아야 했어요. 그러면 괜찮아졌죠. 하지만 오래 버틸 수가 없어서 결국 일을 줄였어요. 너무 힘들어졌어요. 초기에는 아침에 괜찮았는데, 며칠 전부터는 아침에도 신문을 읽을 때 두 줄로 겹쳐 보입니다."

"남편은 언제나 독서와 일 얘기만 하는데, 사실은 다른 문제가 더 있어요." 렌너 박사의 아내가 보충했다. "남편은 저녁에 종종 아주 어눌하게 말해요. 여럿이 모인 자리라면 아주 곤란할 수 있죠. 늦은 시간일수록 더 심해요. 그래서 요즘엔 더 일찍 집에 갑니다. 그리고 엊그제는 저녁식사 때 심하게 사레가 들렸어요. 내 생각에, 음식을 삼키는 데도 문제가 생긴 것 같아요." ― "그렇긴 한데, 그건 다 그다지 중요하지 않습니다. 이중으로 겹쳐 보이는 것만 해결된다면 괜찮습니다." 환자가 다시 아내의 말을 잘랐다. "저녁이면 한쪽 눈꺼풀이 아래로 처져서 그럴 수도 있는데,

그러면 나는 부엉이처럼 눈을 치켜떠요. 그러면 이중으로 겹쳐 보이는 현상이 한동안 사라집니다. 하지만 양쪽 눈꺼풀이 모두 처지면 아주 힘들죠. 오디오북만 들을 수는 없어요."

지금도 사물이 이중으로 겹쳐 보여서, 이 성가신 현상을 피하기 위해 계속해서 한쪽 눈씩 번갈아 찡긋거린다는 것이 금세 명확해졌다. 턱을 괴고 있는 것은 머리가 앞으로 떨궈질 것 같기 때문이다. 나는 계단을 오르거나 천천히 산책할 때 팔다리 힘은 어떤지 물었다. "Mens sana in corpore sano. 무슨 뜻인지 아시죠? 건강한 신체에 건강한 정신이 깃든다. 어느 정도 맞는 말이죠. 나는 정신 노동만 하는 게 아니에요. 운동도 하고 개가 없어도 매일 길게 산책합니다." 교수가 싱긋 웃으며 흡족하게 덧붙였다. "팔다리는 아직 멀쩡합니다!"

신경 검사 결과는 환자의 얘기와 일치했다. 팔다리의 힘은 정상이고, 반사 반응, 피부 감각, 동작 협응력 역시 정상이다. 반면, 머리를 지탱하는 근육이 너무 약하고, 시선의 움직임을 검사한 결과 양쪽 눈이 같은 방향을 보도록 협력하지 않는다. 오른쪽을 볼 때 환자는 나란한 이중 이미지를 보았고, 왼쪽을 볼 때는 서로 비스듬히 겹쳐 보이고, 위를 볼 때는 위아래로 겹쳐 보였다. 똑바로 볼 때와 아래를 볼 때만 시각이 정상이다. 왼쪽 눈꺼풀이 살짝 아래로 처졌는데, 이것을 전문용어로 '안검하수증'이라고 한다. 검사 때 환자는 계속해서 위를 쳐다보는 과제를 받았는데, 30초도 채 되지 않아 안검하수증이 왼쪽에서 명확히 심해졌고, 오른쪽 역시 다소 경미한 수준으로 나타났다. 이른바 '심슨 테스트'라고 불리는 근육스트레스 테스트는 양성이다. 즉 확정적이지 않다. 현재 삼키기와 말하기는 정상이다.

모든 신경과 의사에게 이 경우 진단은 쉽다. 스트레스성 근육 약화는 '중증 근육무력증'의 매우 전형적인 증상이다. 비정상적인 근육 피로가 특징인데, 스트레스를 받으면 발생하고, 적어도 처음에는 휴식을 취하면 다시 사라진다. 주로 눈 근육, 말할 때와 삼킬 때 사용하는 근육, 목, 팔뚝, 허벅지 근육에 생긴다. 어떤 신체 부위에 생겼느냐에 따라 얼굴이 늘어져 보일 수 있고, 뺨에 바람을 채울 수 없고, 씹기와 삼키기가 무엇보다 긴 식사시간의 끝에 힘을 잃어 음식물이 입안에 계속 머문다. 말이 어눌해지고, 우리의 환자처럼 머리를 똑바로 들고 있지 못한다. 팔다리에 생겼을 경우, 걸음이 뒤뚱거릴 수 있고, 계단 오르기가 힘들어지고 빗질이나 면도가 힘들 수 있다. 근육이 심하게 약화될 수 있지만, 겉으로 전혀 눈에 띄지 않을 수 있다. 이런 불규칙한 분포가 근육무력증의 특징이다. 호흡 근육이라면 특히 위험하다. 근육통은 없지만, 근육 약화에 의한 잘못된 자세와 부적절한 근육 긴장이 유발하는 통증이 결코 드물지 않다.

이 질병은 모든 연령대에서 생길 수 있고, 여성의 경우 특히

20, 30대에 많고, 반면 남성의 경우 60, 70대에 주로 발생한다.

절대 드물지 않은 이 질병은 다행히 오늘날 치료가 잘 될 수 있다. 거의 모든 환자가 치료 효과를 보인다.

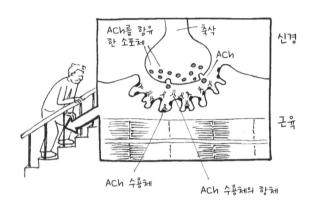

그림 13 : 중증 근육무력증의 경우 아세틸콜린(ACh) 수용체의 항체가 근육과 신경의 협력을 막는다.

신경과 근육의 상호작용 방법

우선 이 독특한 질병의 원인부터 탐구한 뒤에, 신경과 근육이 어떻게 상호작용하는지 묻기로 하자.

운동을 조종하는 운동 신경 말단과 골격근 사이에는 이른바 '시냅스 틈'이라는 작은 틈이 있다그림 13. 신경에서 근육세포로 자극을 전달하기 위해 운동 신경 말단에서 아세틸콜린(ACh)이라는 정말로 작은 분자를 담고 있는 작은 주머니(소포체)가 방출된다. 근육세포에는 아세틸콜린 수용체(ACh-R)라는 도킹 장소가 있다. ACh가 이곳에서 충분히 많이 결합하면, 자극 파도가 일어 근육을 통해 확산한다. 효소는 화학 반응을 가속하는 단백질인데, 콜린에스테라아제 효소가 신경 말단의 ACh를 계속해서 분해한다.

중증 근육무력증 환자의 대다수에서 근육의 특이한 늘어짐이 생기는데, ACh-R의 항체가 시냅스의 근육 측에서 자극 전달을 방해하기 때문이다. 항체들은 Y형태의 작은 단백질로, 우리 모두를 위해 박테리아와 바이러스의 방어를 담당한다. ACh-R의 항체는, 병원체에 맞서는 게 아니라 신체 조직에 맞서는 이른바 자가 항체이다. 중증 근육무력증은 그래서 고전적 자가면역 질환이다.

근육무력증 환자의 약 80퍼센트에서 ACh-R의 항체가 발견되고, 나머지 일부에서는 다른 근육 성분에 맞서는 항체가 발견된다. 항체는 이른바 B-림프구에 의해 만들어진다. 그 외에 T-림프구가 있는데, 이것 역시 감염 방어에 중요하다. T는 가슴뼈 뒤쪽에 있는 가슴샘Thymus을 뜻하고, 이곳에서 T-림프구가 성숙한다. B-림프구와 T-림프구 둘 다 중증 근육무력증이 발병에 중요한 구실을 한다.

추측하기로, 자가 항체의 생성 첫 단계는 가슴샘에서 시작된다. 가슴샘 세포에는 ACh-R과 비슷하게 생긴 단백질이 있다. 근육무력증 환자의 경우 가슴샘 조직뿐 아니라 ACh-R이나 다른 근육 세포 성분에 맞서는 T-림프구, 이른바 자가면역반응을 보이는 T세포가 있다. 이 T세포는 B-림프구를 자극하여 ACh-R에 맞서는 항체를 생산하게 한다. 무엇보다 심각한 질병을 가진 젊은 환자의 경우, 가슴샘 제거가 중요한 치료방법이다. 어떤 환자는 이 근육이, 어떤 환자는 저 근육이 늘어지는 까닭은 아직 모른다. 또한, 무엇이 질병을 유발하는지 역시 다른 자가면역질환과 마찬가지로 근육무력증에서도 아직 규명되지 않았다.

우리의 환자 렌너 교수로 돌아가자. 며칠 입원을 하라는 나의 권유를 환자는 거절했다. 나는 삼킴 장애로 생길 수 있는 위험, 이를테면 폐렴이나 잘못 삼켜진 음식물이 기도를 막을 위험에 대해 얘기했다. "그렇게 심각한 건 아니네요. 집에 있으면 책도 읽고 쉴 수도 있습니다. 외래로 합시다." 렌너 교수는 아내의 의견을 무시하고 결론을 내려버렸다.

진단을 명확히 확인하기 위해, 환자는 이날 아침에 전기생리학 검사실에서 신경 자극 검사를 받았다. 건강한 사람의 경우, 운동 신경이 여러 번 연달아 자극되면, 근육 반응 표시(진동폭)에 거의 변화가 없다. 렌너 교수의 경우 진동폭이 급격하게 그리고 심하게 감소했다. 중증 근육무력증의 증거다.

중증 근육무력증에서 중요한 치료 원리는 콜린에스테라아제 효소의 분해를 막아, 시냅스 틈에서 신경전달물질 ACh가 근육에 더 많이 자극을 전달하게 하는 것이다. 이런 콜린에스테라아제 억제제 투여는 진단에도 사용된다. 이 효능물질을 소량만 주입했는데도 벌써 렌너 교수의 겹침 현상과 눈꺼풀 처짐이 개선되었다. 그것으로 진단이 옳았음이 재확인되었다. "아주 희망적이네요." 환자가 기뻐했다. 앞에서 언급한 특별한 항체를 확인하는 데는 혈액 검사가 도움이 된다.

나는 환자에게 중증 근육무력증의 증상을 설명하고 위험을 강조했다. 특히 삼킴 장애로 생길 수 있는 문제들. 우리는 함께 그가 복용 중인 약을 살폈다. 그것은 중요한데, 어떤 약들은 근육무력증을 악화시킬 수 있기 때문이다. 그러므로 근육무력증 환자는 의사, 약사, 구급대원이 환자의 기저 질환을 알 수 있도록 진료카드를 늘 소지하는 것이 중요하다.

일주일 뒤에 렌너 교수가 다시 진료실에 왔다. 새로 처방한 약은, 그가 대답했듯이 "두세 번 가벼운 설사를 제외하고" 잘 소화되었다. "보람이 있었어요. 많이 좋아졌어요. 다시 독서를 즐길 수 있어요. 더는 부엉이처럼 눈을 뜨지 않아도 돼요." 그가 눈꺼풀을 보여주었다. 지난번처럼 심하게 쳐지지 않았다. 검사 결과 겹침 현상이 개선되었지만 아직 완전히 사라지지는 않았다. 아내 역시 좋아진 것을 인정했지만, 남편이 아직 몇 번씩 저녁식사 때 잘못 삼켰다고 불평했다.

혈액 검사 결과, ACh-R의 항체는 긍정적이지만, 같이 검사된 다른 세 가지 항체에서는 아니었다.

가슴 CT 사진은 가슴샘 영역에서 아무런 이상 징후도 보여주지 않았다.

나는 환자에게 설명했다. 치료는 두 기둥을 토대로 하는데, 우선 이미 복용 중인 약으로 증상이 어느 정도 개선되었고, 앞으로 용량을 계속해서 서서히 늘려갈 것이다. 다른 한편으로, 진단이 확정된 중증 근육무력증은 과도하게 활성화된 면역체계를 억누르는 치료가 필요하다. 그것을 위해 우선 코르티손을 쓴다. 효과가 빠르기 때문이다. 그리고 동시에 아자티오프린이라는 면역 억제제를 쓸 것이다, 이 억제제의 효과는 여러 주 또는 몇 달 뒤에 비로소 나타난다.

렌너 교수는 나를 미심쩍은 눈으로 빤히 보았다. 나는 얼른 덧붙였다. "코르티손은 증상이 사라지는 즉시 다시 줄일 수 있습니다. 곧 완전히 끊을 수 있기를 바랍니다." ─ "코르티손은 해롭잖아요!" 환자가 대꾸하고 이맛살을 찌푸렸다. "지금 질병에는 도움이 됩니다. 가능한 한 적게, 가능한 한 짧게 쓸 겁니다. 용량을 천천히 올릴 거예요. 초기에는 역설적이게도 병을 악화시킬 수 있으니까요. 그리고 코르티손 영향으로 골다공증이 생기지 않도록 비타민 D와 칼슘도 같이 처방합니다." ─ "그러니까 약이 더 늘어나는군요." 환자가 한숨을 내쉬었다. "코르티손을 복용하는한, 그렇죠. 하지만 이런 추가적 보호가 꼭 필요합니다." 코르티손의 부작용에 관한 짧은 토론이 있었지만, 결국 환자는 시도해보기로 했다. 겹침 현상을 없앨 기대가 미심쩍음을 이겼다. 환자는 아자티오프린에 대해서도 서면과 구두로 정보를 받았고, 이약을 복용하면서 정기적으로 검사하기로 합의했다.

3개월 뒤에 환자는 거의 아무런 불편이 없었다. 코르티손은이미 서서히 줄이기 시작했다. 렌너 교수가 기분 좋게 제안했다. "이제 완전히 건강해졌어요. 그러니 서서히 약을 끊어도 되지 않을까요?" — "약 때문에 좋으신 겁니다. 지금 약을 끊으면 곧 다시 악화될 수 있어요." — "그럼, 그렇지. 그럴 줄 알았어. 오버하지 말고 진정하라고!" 환자가 혼잣말을 했다. "다시 한번 강조하는데, 이 병은 애석하게도 주기적으로 심해질 수 있어요. 예를 들어 근육무력증에 맞지 않는 새로운 약을 복용하거나 열이 나는 감염증에 걸리면 그럴 수 있어요. 그러면 아주 시급하게 병원의 도움이 필요할 수 있습니다. 경계해야 할 증상이 무엇인지 알고 계시죠? 육체 운동 때 호흡 곤란 또는 삼킴 장애 같은." — "알고 있어요." 환자가 생각에 잠겨 대꾸했다. "섣불리 방심하지 않기!"

응급 상황에서는 콜린에스테라제의 억제제를 정맥에 주사할수도 있다.

또한, 농축된 면역글로불린, 즉 인간 항체 투여가 도움이 된다. 대안으로 '혈액 투석', 이른바 혈장분리교환법을 쓸 수 있다. 이때 질병을 유발하는 항체와 다른 혈장성분이 제거되고 인간 알부민으로 대체된다. 환자의 혈액에서 특정 면역글로불린을 걸러내는 '면역 흡착'도 가능하다. 중증 근육무력증의 응급 상황은 대개 이런 처치를 통해 잘 제어될 수 있다.

중증 근육무력증은 근육 질환이 아니라, 앞에서 설명한 것처럼, 신경에서 근육 세포로 자극 전달이 잘 되지 않아서 생기는 병이다. 그러나 근육 자체에서 생기고 신경과 의사들을 분주하게 만드는 질병들도 아주 많다. 이런 질병들의 초기 증상은 해당 근육이 약해지고 소실되는, 이른바 '근육 위축'이다. 근육에 따라 강도와 형태가 다양하다. 어깨와 허벅지 근육에 주로 생기고, 때때로 종아리와 발, 팔과 손 근육에도 생긴다. 안면 근육도 예외는 아닌데, 그러면 표정이 변하고 때때로 삼킴 근육, 발성 근육, 눈 근육에도 생긴다. 일부 형태에서는 통증이 있지만, 대부분은 통증이 없다.

근육 질환이면, 혈액에서 근육 효소 크레아틴키나제(CK)가 명확히 상승한다. 특히 낮은 전위를 갖는 근육 전류는 일반적으로 작고 가는 바늘로 유도된다. 진단을 위해, 쉽게 접근할 수 있고 병증이 심하지 않은 근육에서 작은 조각을 떼어내 특별 분석실에서 검사한다. 근육 질환 대부분은 유전병이다. 해당 유전자가 구성 단백질 또는 근육 효소에 영향을 미친다. 그사이 이런 유전자의 위치가 점점 더 많이 밝혀져서, 근육 질환 진단에서 부분적으로 유전자 분석이 고전적 근육 샘플 검사보다 더 빈번히 사용된다.

5

신경이 고장나면

"2주 전부터 점점 힘이 빠져서 걷기가 힘들어졌어요. 지난주부터는 목발도 짚어요. 집에서 넘어져 골반을 다쳤거든요. 이젠 통증까지 있어요. 온몸이 아픕니다. 신경과에 예약 잡기가 얼마나 어려운지…… 이렇게 선생님 앞에 있으니 정말 기쁩니다."

프리츠 씨는 내 앞에 앉아 땀을 흘리며 힘겹게 숨을 쉬었다. 대기실에서 진료실까지 불과 몇 미터를 오는 데도 목발이 필요했다. 덩치 큰 남자가 완전히 지쳐서 의자에 풀썩 주저앉았다.

"앞으로 어떻게 될지 정말 걱정입니다. 이런 적이 한 번도 없었던 터라. 아무튼, 이렇게 계속 살 수는 없어요. 저는 한때 운동선수였단 말입니다."

"자, 처음부터 찬찬히 설명해보세요. 정확히 언제 어디가 약해지기 시작했죠?"

"아주 정확히 알아요. 2주 전 토요일이었어요. 친구가 아내와 나를 집에 초대했어요. 친구의 집은 4층이었고요. 계단을 오르는데 오른쪽 발이 자꾸 떼지지 않는 겁니다. 그때 벌써 이상하다 싶었죠. 아내가 조심하라고 했죠. 술도 안 마셨는데 그렇게 걷는다면 문제가 있는 거라고요. 그때는 아직 넘어지기 전이었지만, 뭔가 잘못되었다는 걸 직감했고 그래서 그날 저녁에 술을 거의 마시지 않았어요. 그 뒤로 점점 더 나빠졌어요. 주말에 푹신한 소파에 깊숙이 앉아 고객과 면담을 했죠. 그런데 면담 뒤에 소파에서 일어날 수가 없었어요. 두 번의 시도를 모두 실패하자, 보다못한 고객이 내게 손을 내밀어 도와주었어요. 고객이 나이를 들먹이며 한심한 위로를 하더군요. 하지만 내 나이 이제 겨우 마흔셋이란 말입니다."

"언제부터 목발을 쓰셨어요?"

"지난주에 처음 병원에 갔어요. 의사는 바로 입원하라더군요. 하지만 아시잖아요. 스케줄이 아주 빡빡한 직장인이 병원에 누워 아무것도 안 하는 게 그렇게 간단하지가 않아요. 그때 의사가 그러더라고요. MRI를 찍은 뒤 곧바로 신경과에 예약을 잡는다고. 의사는 추간판을 의심했어요. 그래서 평소보다 허리 통증이 심하지 않다고 말했죠. 추간판 문제가 아닌 것 같았거든요. MRI 촬영에서는 이렇다 할 게 나오지 않았어요. 방사선과 의사 말이, 일반적인 돌출과 약간의 뼈 변화만으로는 설명이 안 되고, 척추 나이도 정상이고, 특별한 게 없대요.

아! 이 목발은 그때 의사가 빌려줬어요. 넘어지지 않게 짚으라고요. 그런데도 결국 집에서 넘어지고 말았죠. 의사가 병가를 내라고 진단서도 써줬지만, 넘어지기 이틀 전까지 출근했어요. 아주 중요한 거래가 있었거든요. 하지만 이제는 집에 있을 수밖에 없어요. 비서가 나날이 점점 더 이상한 눈으로 나를 봤어요. 내가 무슨 전염병 환자라도 되는 양."

"팔은요, 괜찮으세요?"

"안 괜찮아요. 며칠 전부터 목발을 짚기가 힘들어요. 손도 이상합니다. 특히 땀이 너무 많이 나요. 아주 조금만 움직여도 비 오듯 쏟아집니다. 왜 그러는지 모르겠어요."

용변을 보는 데는 문제가 없는지 묻자, 환자는 괜찮다고 답했지만 이렇게 보충했다. "며칠 전부터 온몸이 아파요. 때때로 찢기는 것 같고, 다리 아래로 또는 등을 타고 내려가며 아프거나 개미떼가 피부 밑으로 기어가는 것 같아요. 통증이 왔다가 사라지곤 하는데, 때때로 견디기 힘들 정도로 심하고, 정말 글자 그대로 '살점이 떨어져나가는 것' 같아요. 아스피린을 먹어도 전혀 도움이 안 됩니다."

환자의 병력이 신속하게 파악되었다. 만성 질환 없음, 약간의 스포츠 부상, 복용하는 약 없음. 담배를 피운 적이 없고, 술은 저녁에 와인 반 병 정도 마신다. "여럿이 함께 마시면 가끔씩 반 병 넘게 마십니다." 내가 이마를 너무 심하게 찌푸렸는지, 그가 재빨리 덧붙였다. "하지만 전혀 안 마실 때도 있어요. 술 없이도 괜찮습니다. 저는 팔츠 출신이란 말입니다. 아시겠어요? 그 좋은 리슬링을 어떻게 안 마시겠어요?" 그가 크게 미소를 지었고 이때 입꼬리가 아주 힘들게 옆으로 당겨지고 왼쪽 입꼬리가 오른쪽 입꼬리보다 살짝 더 아래로 처진 것이 눈에 띄었다.

"최근에 감염병을 앓았거나 예방접종을 받은 적이 있나요?" 내가 물었다. "예방접종은 없었고, 감염은 정확히 모르겠어요. 이 모든 일이 있기 전에 설사와 복통이 일주일 정도 있었어요.

열은 없었습니다."

. . . . . .

근력 검사

환자는 검사를 받으러 아주 힘겹게 옆방으로 갔다. 걸을 때
두 발이 너무 무거워서 힘들게 들어올려야 했다. 신경과 의사들
은 이것을 '족하수Foot drop'라고 부른다. 네 부분으로 구성된 큰
허벅지 근육인 대퇴사근육의 끌어당기는 힘이 너무 약해서 무
릎 관절이 뒤로 밀려난다. 이런 현상을 전쟁시대에서 유래한 용
어를 써서 '총검 현상'이라 부른다. 걸을 때 지지하는 다리에서
항상 옆으로 골반이 기울어진다. 정상적인 걸음일 때는 중둔근
이 골반과 대퇴골을 연결하여 지지하는 다리 쪽 골반을 제자리
에 잡아둔다. 환자의 걸음걸이로 볼 때, 중둔근 역시 약해졌음
을 알 수 있다. 나는 넘어질까 계속 걱정하며 팔을 넓게 벌리고
환자의 뒤를 따라갔다.

검사를 위해 옷을 벗을 때도 도움이 필요했다. 손가락이 부
분적으로 말을 듣지 않아 단추를 푸는 것도 힘들었다. 앉아서
진행된 신경 검사에서, 머리와 경추, 안구 운동, 동공, 시야, 시신
경에서 눈에 띄는 문제가 없다. 안면 근육의 근력을 보기 위해
나는 환자에게 뺨에 바람을 넣어보게 했다. 뺨을 아주 살짝 눌

렸는데도 벌써 바람이 빠져나갔다. 환자는 휘파람을 거의 불지 못했다. "이 정도는 아니었는데……" 그가 말했다. 눈을 세게 감을 때 짧고 까만 속눈썹이 겉으로 잘 드러나보였다. 눈꺼풀이 쉽게 위로 당겨졌다. "양쪽 안면 신경에도 마비가 있네요." 나는 환자에게 전달하고 물었다. "말하는 것도 달라졌나요?" — "네, 발음이 예전만큼 명료하지 않아요." 뇌 신경 12쌍 가운데 혀, 인후, 목 근육 일부를 담당하는 아랫부분 뇌 신경과 삼킴은 정상이다.

한때 운동선수였던 프리츠 씨의 팔다리 근육은 강하게 발달했고, 근육 위축 징후는 없다. 관절을 움직일 때, 근육의 긴장도가 떨어진다. 모든 것이 축 늘어져 보인다.

근력을 기록할 때 나는 아주 오래된 표를 사용하는데, 거기에는 거의 모든 신체 근육이 나열되어 있다. 1960~1970년대의 유물로, 옛날 신경과 의사들의 세심한 검사를 상기시킨다. 그들은 근육 마비 환자의 질병 경과를 매우 상세하게 기록했다. 나는 프리츠 씨의 각각 근력을 기록하고 '등급'을 부여했다. 이때 '5'가 최고 등급이고 '강한 힘'을 뜻하고, 환자의 연령과 체격에서 기대할 수 있는 근력을 의미한다. '4' 등급은 검사자의 힘에 저항하고, 이겨낼 수 있다는 뜻이다. '3' 등급은 각각의 관절을 움직이고 중력을 이기지만 검사자의 힘에는 저항하지 못한다. '2' 등급은 중력의 저항이 없을 때 관절을 겨우 움직일 수 있다는 뜻이다. 예를 들어 이두박근이 팔 관절을 움직일 수 있지만, 팔을 지지한 채 수평으로 움직일 때만 가능하다. '0'과 '1'이면 완전한 마비이다. '1'이면 아직 근육의 불룩한 '배'가 남아있지만, '0'이면 그것조차 없다.

문제에 따라 다른 근육도 검사된다. 예를 들어 견갑골에서 상완골까지 당기는 극상근과 극하근의 강도를 기록한다. 극상근은 팔을 올릴 때 몸통에서 20도 정도 옆으로 뻗게 하고, 수평이 되기까지 남은 각도는 삼각근이 담당한다. 삼각근은 안전모처럼 어깨를 덮고 있다. 극하근은 팔을 바깥쪽으로 회전시켜 무거운 문을 열거나 테니스 선수가 백핸드를 칠 수 있게 한다. 피트니스 시대이니만큼 팔꿈치를 구부리는 데 쓰이는 이두박근을 모두가 알 것이다. 이두박근의 반대 근육은 팔뚝 뒤편에 있는 삼두박근인데, 이것은 팔꿈치를 펴는 데 쓰인다.

팔꿈치 아래의 팔뚝은 모든 젊은 의대생에게 특별히 어려운 도전과제다. 양쪽에 각각 19개가 넘는 근육이 해부학 지도에 나열되어 있다. 이 근육들이 아래 팔뚝을 안쪽으로 또는 바깥쪽으로 돌린다. (친애하는 독자여, 이제 아래 팔뚝을 바깥 쪽으로 돌린 채 책을 들고 있어보라.) 그것은 손목 관절을 구부리거나 펴고, 엄지 쪽으로 또는 새끼손가락 쪽으로 돌리고, 손가락을 구부리거나 편다. 여기에 손가락을 구부리고 펴고 뻗고, 엄지를 돌리는 수많은 작은 손 근육들이 더해진다. 도대체 왜 이렇게 많은 근육이 아래 팔뚝과 손에 있을까? 정교한 손동작은 진화가 인간에게 선사한 고마운 큰 자산이다. 우리가 창조적 존재가 된 토대에는 다양하고 정교한 손놀림이 있다. 석기시대의 도구 사용부터 베토벤 소나타 연주까지, 정교한 손놀림이 많은 것을 가능하게 한다. 그리고 그러려면 정교하게 조절되어 협응하는 수많은 근육뿐 아니라, 운동 대뇌피질의 손 담당 영역도 필요하다 3장, 그림 8(85쪽).

나는 환자를 눕히고 허벅지와 종아리 근육, 발 근육의 힘을 테스트했다. 프리츠 씨의 경우 근력 등급이 대부분 '3'과 '4' 구역이었고, 손과 발은 부분적으로 심지어 '2'에 그쳤다.

망치 반사 반응 검사는 아마 신경 검사 가운데 가장 잘 알려진 것이리라. 좋은 망치는 자체 무게로 벌써 근육의 힘줄을 늘리기에 충분할 만큼 무겁다. 이런 가벼운 늘림이 반사 반응을 일으킨다. 신경 자극이 밀리 초 이내에 척수에 도달하고 그곳에서 운동 신경세포로 전달되고, 운동 신경세포가 다시 발화하여 힘줄이 늘어난 것에 대한 반응으로 근육을 수축시킨다. 검사자는 환자에게 힘을 빼라고 부탁하고, 자신의 검지를 이두박근, 삼두박근 또는 아래 팔뚝 바깥쪽 얕은 층에 위치한 상완요골근의 힘줄 위에 올리고 망치로 검지를 때려 반응을 관찰한다. 다리에서는 슬개골 밑 대퇴사두근 힘줄 또는 종아리 아래 아킬레스건을 두드린다. 건강한 사람의 경우 일반적으로 이런 근육 반사가 일어난다. 반사 강도는 사람마다 다르다. 내부 상태에 따라 바뀔 수 있다. 프리츠 씨의 경우 모든 근육 반사가 없었다. 매우 기이한 결과이다.

면봉으로 피부 감각을 검사할 때 환자가 말했다. "많이 다르네요. 사포 같은 느낌이에요." 가벼운 자극을 환자는 강하게 감지했고 아주 불편해했다. 신경과 의사는 소리굽쇠를 가지고 다니는데, 굽쇠 끝에 1부터 8까지 눈금이 있는 무게추 두 개가 달려있다. 소리굽쇠를 쳐 진동을 만든 후 이것을 뼈 돌출부에 댄다. 그러면 진동이 느껴지다가 천천히 가라앉는다. 진동이 가라앉으면서 무게추가 0에서 8까지 눈금을 이동한다. 환자가 진동을 오래 느낄수록 신경과 척수의 감각력이 더 좋은 것이다. 프리츠 씨의 진동 감각은 아주 정상이었다.

프리츠 씨는 검사가 힘든지 계속해서 숨을 크게 쉬었다. 겨드랑이와 사타구니에 땀이 심하게 났다. 맥박이 빨라져 1분에 100회였다. 반면, 혈압은 정상 범위에 있었다. 잠시 쉰 다음 나는 그에게 다시 똑바로 앉아보라고 청했다. 날숨의 폐활량을 측정하기 위해 나는 프리츠 씨에게 최대한 숨을 들이쉰 다음 폐활량계라는 작은 장치에 모두 불어내라고 했다. 결과는 1.5리터. 입 근육의 약화로 인해 약간의 공기가 관 밖으로 빠져나갈 수 있지만, 그럼에도 측정량은 명확히 너무 적었다. 그러니까 환자의 호흡 근육에도 문제가 있다.

끝으로 나는 환자에게 10초에 한 번 정도가 되도록 아주 천천히 깊이 숨을 들이쉬고 내쉬라고 청했다. 그리고 그의 맥박을 쟀다. 일반적으로 심박수는 호흡 주기에 따라 최소 10퍼센트 차이가 난다. 예를 들어 1분에 70회에서 80회 정도다. 프리츠 씨의 경우 심박수에 거의 차이가 발견되지 않았다.

"내게 무엇이 부족한지 상세히 검사하셨는데, 이제 내가 무슨 병인지도 아세요?"

"네, 그런 것 같네요. 프리츠 씨의 병력과 검사 결과로 볼 때, 말초신경염인 것 같습니다. 이 병은 길랑-바레 증후군Guillain-Barre syndrom, 줄여서 GBS라고도 부릅니다. 하지만 확실한 진단을 위해 다른 검사도 해봐야 합니다."

"GBS라는 병은 치료가 되나요? 치료 전망은 어떤가요?"

"네, 좋은 치료법이 있고 치료 전망도 대부분 매우 좋습니다. 하지만 신경이 회복되기까지 시간이 좀 걸립니다."

"뭘 더 검사해야 합니까? 바로 시작하나요? 이제 집으로 갔으면 합니다만. 약으로 치료가 될까요?"

"신경의 흐름이 원활한지 검사해야 하고, 요추천자를 통해 척수액 샘플을 채취해야 합니다. 그리고 집에 가실 수 없어요. 진단이 맞다면, 주입 또는 혈액 투석으로 치료해야 하는데, 이는 입원 상태에서만 가능합니다. 일반적으로 이 질병은 위험해질 수 있어요. 프리츠 씨는 근육 약화가 이미 호흡 근육까지 퍼졌어요. 호흡이 아주 짧아졌음을 이미 느끼셨을 겁니다. 호흡 검사 결과가 좋지 않아요. 병이 계속 더 나빠질 수 있어요. 극단적인 경우 중환자실에서 삽관과 인공호흡이 필요할 수도 있습니다. 또한, 심장이 너무 빨리 뜁니다. 운동을 하셨던 분이니, 평소 맥박 수가 분명 낮았을 터인데, 지금은 너무 높아요. 땀도 심하게 흘리십니다. 두 가지 모두 내부 장기를 담당하는 신경계, 그러니까 자율신경계에 손상이 있다는 표시입니다. 그렇기 때문에 입원하셔서 계속 모니터링을 받으셔야 합니다. 이제 몸을 위해 시간을 내셔야 합니다. 결코 사소한 병이 아닙니다. 하지만 말했듯이 대부분 치료 전망이 좋습니다. 빨리 치료를 시작하여 힘든 골짜기를 벗어나 빨리 회복되기를 바랍니다. 그러나 몇 주 어쩌면 심지어 몇 달을 예상하셔야 합니다."

프리츠 씨는 놀라서 나를 빤히 보았고 한동안 아무 말이 없었다. "약 몇 알 먹으면 금세 좋아질 줄 알았어요. 하필 지금 아주 중요한 스케줄이 있습니다. 그리고 갈아입을 속옷도 가져오지 않았어요."

"직장에 연락하셔서 여러 주 병가를 내세요. 필요하시면 진단서를 떼 드리죠. 더 일찍 오셨더라면 좋았을 걸 그랬습니다. 매일 24시간 열려있는 응급실이 있으니까요. 지금 당장 입원수속을 하시길 권합니다. 속옷이야 아내분께 가져오라고 하시면 되지 않겠어요?"

증상과 증후군 – 진단법

    검사 결과지와 함께 환자를 입원실로 옮겼다. 검사지 끝에 요약이 적혀있다. "아급성 이완 대칭 사지마비". 신경과 의사는 개별 결과를 증후군으로 요약한다. 이를 통해 예상되는 손상 부위와 그에 따른 질병 원인을 지정할 수 있다. 프리츠 씨의 경우, 근육 긴장도가 감소하고 근육 반사가 없는 사지 근육 약화다. 근육 긴장도가 감소하고 근육 반사가 없다는 것은 신경이나 근육이 손상되었음을 뜻한다.

    척수나 두뇌의 손상은 경련성 마비를 일으킨다. 근육 긴장도가 높고, 특히 관절을 빠르게 움직이면 근육이 경직된 것처럼 보이고, 근육 반사가 매우 활발하여 종종 정상 이상으로 높다. 이때 반사를 유발하면 멀리 떨어져 있는 근육이 반응할 수도 있다. 그리고 바빈스키 현상 같은 병적 징후가 나타난다. 의사가 망치로 발바닥 바깥쪽을 쓸어내리면, 엄지발가락이 비자발적으로 위로 솟고 발가락이 활짝 벌어진다. 신생아 때는 이런 현상이 정상이다. 그러나 신경계의 발달과 함께 이 현상은 사라진다. 중추신경계에 손상이 있으면 어른임에도 이런 현상이 다시 나타날 수 있다.

    경련성 사지마비는 무엇보다 목 부분 척수에 질병이 생겼을 때 나타날 수 있다. 가장 빈번하게 사고에 의한 급성 손상의 경우, 처음에는 사지가 축 늘어지고 시간이 지남에 따라 경련 그러니까 근육 긴장도가 높아지고 근육 반사가 강해진다. 점진적인 만성적 진행인 경우에는 처음부터 경련이 강해지고 종종 배뇨 장애가 동반한다. 가장 빈번한 원인은, 척수에 압력이 가해져 경추의 뼈관이 좁아지는 이른바 '경추 척수병증'이다.

신경과에서는 종종 간단한 신체 검사가 질병 위치와 가능성 높은 원인을 알려줄 수 있다. 프리츠 씨의 마비 원인은 척수에서 나오는 신경이나 근육에 있음에 틀림없다. 환자의 감각 장애는 원인에서 근육을 배제시킨다. 순수 근육 질환에서는 감각 장애가 생기지 않는다.

이완성 마비는 척수의 운동 신경세포의 손상으로 유발될 수 있다. 몇십 년 전만해도 운동 신경세포의 손상으로 생기는 질병이 흔히 있었다. 바이러스성 질병인 소아마비. 위장병 이후 바이러스가 신경세포체를 공격하고 부분적으로 생명을 위협하는 마비를 일으켰다. 소아마비 예방접종을 통해 독일에서 이 질환은 현재 근절되었다. 1940년대와 1950년대의 소아마비 전염병을 겪었던 나이 든 환자들은 오늘날 아직도 명확한 근육 위축이 있는 이완성 마비를 보인다. 대부분 신체 절반에, 무엇보다 다리에 생긴다. 소아마비 전염병이 얼마나 심각하게 진행되는지를 필립 로스Philip Roth의 소설『네메시스Nemesis』에서 인상적으로 읽을 수 있다. 이 질병은 변화하여 일부는 감소하거나 심지어 완전히 사라지고, 일부는 증가한다. 의학은 끊임없이 변하는 과학이다.

. . . . .

입원 후 검사

오후에 벌써 검사실 검사 후 병동 담당의사가 척수액 검사를 위해 프리츠 씨의 요추에서 샘플을 채취했다. 그것을 위해 프리츠 씨는 침대 가장자리에 걸터앉아 요추가 가능한 한 넓게 벌어지도록 상체를 무릎 위로 구부려 등을 둥글게 만들었다. 간호사가 환자를 붙잡고 있는 동안 의사가 요추를 손으로 더듬어 아래 요추 둘 사이의 적합한 자리에 꼼꼼하게 소독한 후 국소마취주사를 놓았다. 무균 상태에서 의사는 두 요추 사이에 천자바늘을 위로 약간 기울어진 각도로 삽입하여, 마른 환자의 몸에서 불과 몇 센티미터만에 목표 지점에 도달한다. 바늘을 통해 맑은 액체가, 간호사가 의사에게 건넨 특수관 안으로 방울방울 떨어진다. 바늘이 척수액 주변의 신경막을 통과하는 짧은 순간에만 환자는 잠깐 통증을 느낀다. 몇 분 뒤에 의사가 알린다. "다 끝났어요." 프리츠 씨가 대꾸했다. "실력이 좋으십니다. 이보다 훨씬 끔찍할 거라 상상했었거든요." 요추천사는 실제보다 더 나쁜 평판을 받고 있다. 가장 빈번한 달갑지 않은 부작용은 똑바로 설 때 두통인데, 이것은 잠시 누워있으면 다시 사라진다. 그러나 현대의 특수 연마 바늘을 사용하여 이런 부작용도 명확히 감소했다. 프리츠 씨는 두통이 없었다. 골다공증이 심한 척추를 가진 나이 많은 환자 그리고 고도비만인 환자는 요추천자가 기술적으로 힘들 수 있다. 그러나 대개는 문제 없이 성공한다.

한 시간 뒤에 병동의사가 결과를 받았다. 혈액과 달리 척수액에는 백혈구가 적다. 척수액에서 1마이크로리터당 백혈구 4개까지가 정상이고, 혈액에는 약 1만 개까지 있다. 프리츠 씨는 1마이크로리터에 2개로 정상이다. 반면 단백질이 높아졌다. 상한선이 리터당 450마이크로그램인데, 프리츠 씨는 리터당 1050마이크로그램이다. 혈액과 척수액의 단백질 성분(알부민과 면역글로불린 G) 농도를 계산하면 '혈액-척수액 장벽 장애'를 발견할 수 있다. 단백질 알부민이 증가하여 혈액에서 척수액으로 범람한다는 뜻인데, 둘을 분리하는 복합 세포막에 염증이 생겨 구멍이 났기 때문이다. 척수액에서 여러 다양한 것을 검사할 수 있다. 프리츠 씨의 질병에서는 지금 검사 결과면 충분하다. 그것이 예상했던 진단을 확인해준다. **세포수는 정상인데 척수액의 단백질이 높은 것은 길랑-바레 증후군의 전형적 특징이다.**

척추 부위의 종양이나 뼈 수축으로 인해 척수액의 순환이 막히면 비슷한 결과가 나올 수 있다. 이른바 '단수' 현상이 생기는

데, 그러면 단백질이 프리츠 씨의 경우보다 훨씬 더 높고, 무엇보다 경련성 마비가 생긴다. 만약 박테리아나 바이러스가 뇌막, 두 뇌 또는 척수에 염증을 유발하면, 척수액의 백혈구 수가 증가한다. 위험한 박테리아성 뇌수막염의 경우 척수액 1마이크로리터당 백혈구가 수천 개에 이르고, 정상 척수액에서는 결코 있을 수 없는 과립성 백혈구(과립구)가 있다. 그러면 척수액이 프리츠 씨의 경우와 전혀 다르게 노르스름하고 탁하고 아주 천천히 방울져 떨어지고 얇은 바늘에 끈적하게 달라붙는다.

잠시 쉰 다음 프리츠 씨는 침대에 누운 채 전기생리학 검사실로 옮겨졌다. 그곳에서는 근육을 담당하는 운동 신경과 피부 감각을 척수로 전달하는 감각 신경의 전달 속도를 검사한다.

. . . . .

신경의 구조와 검사

프리츠 씨의 검사 결과를 이해하기 위해, 신경의 해부학적 구조를 짧게 살펴보자. 신경은 종종 전선과 비교된다. 조금 멀리 간 비교이긴 하지만 말이다. 감각 신경과 운동 신경은 척수 안팎에 있는 뉴런의 길쭉한 돌출부, 즉 축삭으로 구성되는데, 이것은 은유적으로 표현해서 전선의 구리선에 해당한다. 신경 안에는 아주 다양한 뉴런의 축삭들이 합쳐져 있고, 뉴런들은 아주 다양한 속도로 정보를 전달한다. 축삭 외부에는 절연 물질인 미엘린수초가, 전선의 피복처럼, 축삭을 감싸고 있다. 그러나 미엘린수초는 전선의 피복처럼 생명이 없는 분비물이 아니라, 신경교세포에서 유래한 세포의 확장이다. 미엘린수초는 똑같은 두께로 축삭 전체를 감싸지 않고 땋은 머리처럼 볼록한 곳도 있고 오목한 곳도 있다. 이것이 중요한 기능을 수행한다. 전기 자극이 오목한 자리만 골라 점프하며 퍼진다. 축삭을 감싼 미엘린수초가 강할수록, 전기 자극이 더 빨리 퍼진다. 신경의 구조는 기본적으로 중추신경계의 뉴런 구조와 비슷하다3장, 그림 5(79쪽). 피부에는 미엘린수초가 없는 얇은 신경도 있는데, 그러면 이 신경은 특히 느리게 자극을 전달한다. 그런 신경은 예를 들어 냉감과 열감을 담당한다.

신경 기능을 검사하는 신경 전도 검사 때, 신경의 두세 곳에 전기 자극을 준다. 아주 짧은 전기 자극을 주면 신경에 의해 근육이 재빨리 움직인다. 근육에 연결된 전극이 전기반응전위를 도출한다. 환자가 검사에 익숙해질 수 있도록 그리고 자극할 올바른 자리를 찾기 위해, 아주 낮은 강도의 전기 자극으로 시작한다. 몸에 전기를 넣는다고? 아프거나 위험하지 않을까? 아니다! 신경 전도 검사는 위험하지도 해롭지도 않다. 젖은 손으로 코드를 만졌을 때, 아주 짧게 움찔 놀라게 하는 찌릿한 이상한 느낌을 모두가 알 것이다. 그러나 가정용 전기의 전압과 강도가 신경

전도 검사 때보다 훨씬 더 높다. 그래서 신경 전도 검사실에서 놀랄 일은 절대 일어나지 않는다. 그렇더라도 검사 때 무슨 일이 벌어지는지 환자에게 상세히 설명하고 새로운 단계마다 미리 알려주는 것이 매우 중요하다.

"프리츠 씨, 검사에 관해 설명 들으셨죠? 아주 작은 전기 자극이 있을 거예요. 놀라지 마세요."

"아무 느낌도 없는데요."

"좋아요. 아주 약한 자극이라 그래요. 이제 강도를 아주 조금만 더 올릴게요."

환자는 처음 해보는 검사에 서서히 익숙해질 수 있다. 세심하게 준비하면, 단지 극소수의 환자만이 검사가 정말로 불편했다고 끝에 말한다.

검사자는 모니터를 보고 반응전위의 시작을 기록한다. 모니터는 두 측정 지점 사이의 시간차, 즉 대기시간을 보여준다. 옛날 방식 그대로, 두 자극 지점의 거리를 측정한 후, 물리법칙(속도=거리/시간)으로 신경 전달 속도를 계산한다. 반응전위의 수준과 그 형태도 분석한다.

보통 사람의 신경 전달 속도는 팔이 다리보다 빠르고, 젊은 사람이 나이든 사람보다 빠르다. 모든 신경에 적용되는 표준이 있다. 인간의 신경 전달 속도는 1초당 45~70미터로 매우 빠르다.

운동 신경의 반응전위는 약 10밀리볼트 진폭이고, 감각 신경의 진폭은 약 1000배나 더 낮아서 몇 마이크로볼트이다. 검사자는 신경의 적합한 자리를 바르게 찾아 자극해야 하고, 환자의 팔다리 특히 발이 너무 차지 않게 해야 한다. 신경 전달 속도는 온도의 영향을 강하게 받는다. 그러므로 발이 너무 차가우면 따뜻한 물에 담가둬야 할 때도 있다.

이제 우리의 환자 프리츠 씨에게로 돌아가자. 측정된 모든 신경의 전달 속도가 너무 느렸다. 종종 1초에 20~30미터에 불과했다. 대다수 반응전위들이 아름다운 곡선을 보여주지 않고 뿔뿔이 분열되어 개별 스파이크 여럿으로 구성되었다. 개별 신경섬유가 다른 속도로 전도되고 그래서 자극 반응이 각각 다른 시간에 목적지에 도착하기 때문이다. 그래서 막대사탕처럼 둥근 모양이어야 할 반응 곡선이 뿔뿔이 흩어진 여러 스파이크로 구성된 들쭉날쭉 거친 산맥으로 바뀐다.

이런 결과 역시 길랑-바레 증후군의 전형적인 특징이다. 고전적인 미엘린수초 문제로, 신경의 절연에 문제가 있다. 그래서 신경섬유가 더 느리게 전도되고, 서로 다른 전달 속도가 반응전위를 뿔뿔이 떨어트려 놓는다.

"정말로 별의별 검사를 다 하셨습니다. 검사 결과는 어떤가요?" 프리츠 씨가 오후 회진 때 묻는다.

"척수액과 신경 전도 검사 둘 다에서 길랑-바레 증후군이 확인되었습니다. 척수액에서 염증이 발견되었어요. 단백질수치가 너무 높게 나왔습니다. GBS의 전형적인 특징이죠. 그리고 신경 전달 속도가 확실히 느려졌어요. 모든 것이 예상했던 그대로에요. 곧 치료를 시작하는 게 좋겠습니다. 두 가지 방법이 있어요. 첫 번째 방법은 면역글로불린을 주입하는 겁니다. 면역글로불린은 인간 혈액에서 나온 항체입니다. 두 번째 방법은 혈장교환법으로, 일종의 혈액 투석인데, 질병에 중요한 역할을 하는 항체를 혈액에서 제거하는 겁니다. 그러려면 먼저 카테터를 목의 대정맥에 연결해야만 합니다. 두 치료 모두 효과가 좋고 5일 이상 걸립니다. 프리츠 씨의 경우, 면역글로불린 주입을 권합니다. 더 부드러운 방법이고 오늘 바로 시작할 수 있습니다."

"솔직히 약간 이상하네요. 하나는 항체를 꺼내고, 다른 하나는 항체를 넣는데, 둘 다 도움이 된다니요."

"맞습니다. 면역글로불린 주입이 왜 도움이 되는지는 아직 완전히 해명되지 않았어요. 하지만 대규모 연구에서 그 효과가 입증되었습니다."

"그러면 주입으로 합시다. 그게 맘에 드네요. 중요한 건 도움이 되는 거니까." 프리츠 씨가 결정했다. "그런데 왜 내가 이런 병에 걸렸을까요? 이런 병이 있다는 것도 모르고 살았는데 말이죠."

"GBS는 신경에 염증이 생긴 것으로, 특히 척추 부위의 말초 신경 염증에서 옵니다. 이 염증은 미엘린수초 손상을 유발하고, 그래서 마비, 감각 장애, 통증 그리고 때때로 다른 증상들도 생깁니다. 일부 환자들은 GBS 전에 감염병을 앓은 병력이 있습니다. 프리츠 씨 역시, 마비가 오기 몇 주 전에 위장 감염 증상인 설사와 복통이 있었다고 하셨잖아요? 면역세포와 항체가 신경 조직을 이용해 바이러스나 박테리아에 맞서고 그래서 신경 전도가 훼손될 수 있습니다."

"희한한 얘기네요. 하지만 중요한 건 다시 건강해진다는 거죠."

"네, 전망이 아주 좋습니다. 완치를 보장할 수는 없지만요. 통증을 없애줄 약도 드릴게요. '프레가발린'이라는 약입니다. 일반적인 진통제가 아니라 신경통에만 효력을 내는 약입니다. 또한, 걷기가 호전될 때까지 매일 혈전증 주사도 놓을 겁니다. 병동 담당의사가 약에 대해 다시 상세히 설명해드릴 거예요. 그리고 매일 물리치료를 받으셔야 합니다. 폐기능도 계속 모니터링할 예정이라, 매일 여러 번씩 폐활량계라는 작은 장치를 입으로 불게 될 겁니다."

길랑-바레 증후군이라는 병명에는 20세기 초에 처음으로 이 질병을 발견한 세 사람(길랑, 바레, 슈트롤) 가운데 두 명의 이름이 들어있다. 전 세계적으로 매년 약 10만 명이 이 질병을 앓는다. 전 연령대에 생길 수 있지만 노인들에게서 가장 빈번하다. 환자의 약 3분의 2가 1~2주 전에 기관지나 소화관에 가장 흔히 '캄필로박터제주니'라는 장박테리아에 또는 여러 바이러스에 감염된 적이 있다. 감염 이후 2~4주 이내에 길랑-바레 증후군 증상이 나타나고, 프리츠 씨처럼 마비 현상이 대개 발에서 시작하여 위로 올라가 얼굴과 뇌 신경까지 도달한다. 심각한 마비가 하루 이내에 발생하거나 수주에 걸쳐 서서히 심해지는 장기적이고 만성적인 형태는 드물다.

· · · · ·

자율신경계

신경계에는 근육과 피부를 위한 신경, 즉 운동 신경과 감각 신경뿐만 아니라, 심장과 위, 창자, 방광 같은 내부 장기를 담당하는 신경도 있다. 이런 신경을 합쳐 자율신경계라고 부른다. 우리는 자율신경계의 기능에 골격근처럼 직접적이고 자발적인 영향을 미치지 못한다. 그러나 생활방식, 식습관 또는 휴식을 통해 자율신경계에 충분히 영향을 미칠 수 있고, 예를 들어 맥박이나 혈압을 낮출 수 있다. 자율신경계에는 두 적수가 대립한다. 교감신경계와 부교감신경계. 심장에서는 교감신경계가 활동가 역할을 맡아 맥박과 혈압을 높이고 부교감신경계는 제동기 역할을 맡아 심장 박동을 느리게 하고 혈관을 넓힌다. 반대로 창자와 방광에서는 부교감신경계가 활동가 역할을 맡는다. 이것이 억제되면 변비와 요폐가 발생한다.

길랑-바레 증후군 진단에서 자율신경계의 관여가 중요하다. 프리츠 씨의 경우처럼 교감신경계의 자극으로 땀이 증가하고 맥박이 빨라지고(빈맥, 분당 100회 이상), 혈압 문제가 생길 수 있다. 부교감신경의 과도한 활성은 훨씬 더 위험한데, 급작스러운 심정지를 유발할 수 있다. 그러므로 중증 GBS 환자는 중환자실에 있어야 한다. 일부 환자는 일시적으로 심박조율기가 필요하고, 약 20퍼센트는 임시로 인공호흡기를 차야 한다.

대개 1~2주의 휴지기 뒤에 점차적인 호전이 시작되어 치료는 몇 주에서 몇 달이 걸린다. 환자의 80퍼센트 이상에서 증상이 완전히 사라진다.

미엘린수초 이외에 축삭에도 문제가 생겼다면, 회복은 더 느리고 치료 전망도 전체적으로 좋지 않다. 축삭의 손상이 주요 원인인 변형 GBS와 여러 특수 형태의 GBS도 있다.

현재의 지식에 따르면, 항체가 발병을 좌우한다. 바이러스나 박테리아의 표면 구조(항원)를 보고 방어하는 항체가, 비슷한 표면 구조를 가진 신경 성분에도 방어 반응을 보이는 것이다. 이것을 전문용어로 '분자 모방'이라고 한다.

만성 신경 손상 – 다발성 신경병증, 국민병

길랑-바레 증후군은 급성 신경 손상의 원형이다.

GBS는 수천 명 중 대략 한 명이 평생 한 번 앓는 반면, 만성 신경 손상인 다발성 신경병증은 훨씬 흔하다. 다발성 신경병증의 가장 빈번한 증상은 발의 감각 장애다. 환자들은 발가락, 발, 심지어 종아리에서 따끔거림, 개미떼가 기어가는 느낌, 간질거림, 붓는 느낌, 뜨거움 또는 전기가 통하는 것처럼 찌릿찌릿하다고 말한다. 일부 환자는 이런 혼합된 느낌을 매우 불편하게 느끼고 심지어 통증으로 인식한다. 감각 장애 증상에는 통증이나 열감을 느끼지 못하는 무감각이 있는데, 발에 상처가 나도 통증을 느끼지 못한다. 소리굽쇠 테스트에서 진동 감각이 크게 떨어지거나 완전히 없는 경우도 종종 있다. 발의 감각이 제한되어 걸음걸이가 불안하다.

진료시간이나 병동 회진 때, '어지럼증'을 호소하는 환자들이 더러 있다. 정확히 따져 물으면, 앉아 있거나 누워있을 때는 어지럽지 않은데 일어서면 어지럽고, 이때의 현기증은 빙글빙글 도는 어지럼증이 아니다. "세상이 빙빙 도는 것 같은가요?"라고 물으면 환자들은 아니라고 답한다. 문진 때 환자의 걸음걸이 또는 서 있기가 불안하다는 것이 밝혀진다. 그러면 반사 반응 검사에서 반응이 아예 없거나 아킬레스건 반사가 아주 약하다. 다리를 따라 피부를 쓰다듬으면, 아래로 갈수록 감각이 점점 약해지고, 때때로 발에서 완전히 사라진다. 환자는 뾰족한 자극과 뭉툭한 자극을 구별하지 못한다. 진동 감각은 제한적이거나 없다. 눈을 감게 하고 피부에 숫자를 쓰면, 무슨 숫자인지 잘 알아차리지 못한다. 마지막으로 의사는 환자에게 최대한 다리를 꼭 붙이고, 먼저 눈을 뜨고 그다음 눈을 감고 서 있게 한다. 눈을 뜨고는 안정적으로 서 있지만 눈을 감은 뒤로 흔들거리기 시작하면, 다리의 감각 신경 또는 척수의 감각 경로에 장애가 있다는 뜻이다. 그러면 감각 경로의 손상에 의한 조정 장애인 '민감성 운동 실조'라고 진단한다.

이런 장애가 있는 환자는 밤에 그리고 어두운 곳에서 걸을 때 특히 힘들다. 눈이 정보를 전달할 수 없으면, 발과 다리의 감각 자극 정보에 특히 의존하게 되는데, 이곳에 감각 장애가 생기면 걸음걸이가 불안하고 잘 넘어지게 된다.

다발성 신경병증의 경우 대개 두 다리가 같은 방식으로 발병되고, 아주 많이 진행된 형식일 때만 양손도 더해진다. 유머 감각을 잃지 않은 나이 든 환자가 자신의 상태를 이렇게 묘사했다. "걷기는 아주 중요한 문제라 먼저 나의 두 다리와 협력해서 시도해야 합니다. 나는 안경을 쓰고, 양말 속을 들여다보면 거기 내 발이 숨어있어요. 그러면 그들에게 내가 명령합니다, '행진, 행진!' 하지만 그들은 언제나 지켜보고 있어야 해요. 주시하지 않으면 명령을 따르지 않아요."

어떤 다발성 신경병증은 초기에 벌써 마비를 유발하지만, 대부분의 운동실조는 질병이 많이 진행된 단계에서만 생긴다. 가장 흔한 유형은 몸통에서 가장 멀리 떨어진 근육들의 마비이다. 발 근육이 종아리 근육보다 더 강하고 더 먼저 발병한다. 이른바 '국소 다발성 신경병증' 즉, 개별 신경의 근육만이 질병 과정에 관여하는 형식은 드물다.

만성 신경 손상에 의한 마비일 때는, 해당 근육이 점점 늘어진다. 이른바 '근육 위축'이다. 이런 위축은 예를 들어 뇌졸중 이후 뇌 손상으로 인한 마비 때는 나타나지 않는다. 다발성 신경병증 환자들이 종종 근육 경련을 호소한다. 다리에 마비가 있으면, 당연히 걸음걸이가 불안정해진다.

다발성 신경병증은 자율신경계 손상으로 이어질 수 있고, 때때로 심지어 가장 먼저 일어날 수 있다. 무엇보다 순환 조절 장애가 중요하다. 갑자기 일어설 때 어지럽고 그러면 불안해진다고 환자들이 말한다. 이런 환자의 경우, 앉아 있을 때 그리고 일어선 뒤 몇 분이 지났을 때 혈압을 측정하면, 혈압이 매우 낮다. 예를 들어 120/80에서 80/50mmHg까지 떨어진다. 그러므로 환자들은 천천히 조심스럽게 침대에서 일어나야 하고, 먼저 잡을 곳을 확보헤야 한다. 압박스타킹이 도움이 되고, 어떤 사람은 약을 복용하기도 한다.

자율신경계의 다발성 신경병증은, 밝기에 눈이 늦게 적응하는 동공 장애를 유발할 수 있고, 변비와 설사를 동반하는 소화 장애 그리고 남성의 경우 발기부전 같은 문제도 유발할 수 있다. 내부 장기의 정보 전달이 제한되어, 심근경색이 통증으로 감지되지 않거나, 환자가 자신의 방광이 터질 듯이 가득 찬 것을 느끼지 못하는 결과를 낳을 수 있다.

· · · · ·

다발성 신경병증의 원인

독일에서 과도한 음주 이외에 다발성 신경병증의 가장 빈번한 원인은 당뇨병이다. 약 30퍼센트가 당뇨에서 비롯되었을 수 있다. 당뇨가 진단되면 환자들이 신경증과 신경쇠약을 보이는 일이 드물지 않은데, 다발성 신경병증은 대개 당뇨병이 많이 진행되었을 때 발생한다. 다발성 신경병증은 특히 치료되지 않거나 심한 당뇨병일 때 나타난다. 그러므로 혈당을 잘 조절하는 것은 신경을 위해서도 필요하다. 당뇨병에 의한 다발성 신경병증은 대개 양발에서 대칭적으로 두드러진다. 한쪽 허벅지에만 마비가 오는 경우는 더 드물고, 종종 눈과 안면 근육을 담당하는 뇌 신경의 마비와 날카롭고 강한 통증이 동반한다. 자율신경계에도 자주 발병한다.

과도한 음주는 수많은 신경 장애를 유발할 수 있는데, 그중에는 치매 그리고 심각한 보행 장애를 동반하는 소뇌 손상이 있다. 그러나 다발성 신경병증은 가장 빈번한 음주 질환이다. 수년간의 과음 후에 이 병이 생긴다. 병이 아직 많이 진행되지 않았다면, 그리고 술을 완전히 끊으면 치료 전망은 좋다. 그러나 회복은 대개 여러 해가 걸린다.

또한, 축삭(전선의 구리선을 기억할 것이다) 또는 미엘린수초(절연밴드)가 손상된 후, 다발성 신경병증이 생긴다. 음주에 의한 다발성 신경병증은 무엇보다 축삭에 생긴다. 그러면 신경 전도 검사에서 반응전위가 심하게 감소하고, 그 대신 신경 전달 속도는 전혀 방해받지 않고 그대로 유지된다. 추가로 근전도 검사가 진행된다. 축삭 손상 때만 근전도 이상이 나타나고, 미엘린수초만 손상되었을 경우는 근전도가 정상으로 나온다. 이상 증상은 손상 초기 단계와 많이 진행된 단계가 다르게 보이는데, 그래서 손상의 기간도 판단할 수 있다. 프리츠 씨의 경우, 근전도 검사에서는 이상 징후가 없었다. 모든 것이, GBS에 의한 미엘린수초 손상을 가리키고, 팔츠 지역의 좋은 와인을 마신 것은 신경 손상의 원인이 아니다.

당뇨와 과음 이외에 다른 원인이 아주 많다. 만성 신장병 또는 간 질환, 특히 가난한 나라에서 중요한 역할을 하는 영양실조, 항암치료 같은 약물 부작용, 류마티즘 질환, 바이러스 감염, 만성

중독, 종양 질환의 장기효과. 더 나아가 유전에 의한 다발성 신경 병증 형식도 아주 많이 있다. 모든 사례의 최소 4분의 1은 현대 의학 기술로도 원인을 찾지 못한다.

　독일에서 흔한 두 가지 원인은 밝혀졌는데, 하나는 비타민 B12 결핍으로, 주로 비건주의자에게서 관찰되지만 일반인의 장에서도 이 비타민을 흡수하지 못해 결핍이 생길 수 있다. 비타민 B12 결핍은 주사로 쉽게 해결하여 신경 기능을 개선할 수 있다. 다른 하나는 항체인데, 다발성 신경병증에서 '면역 전기영동 검사'를 해보면 감염 방어를 위해 갖고 있는 수많은 항체들 중에서 유독 한 가지 항체가 과도하게 많이 형성되는 것이 드물지 않게 발견된다. 그러면 '단클론성 감마병증'이라고 하는데, 이런 경우라면 혈액 생산 시스템의 악성 질환을 간과하지 않도록 혈액 전문가가 더 상세히 분석해야 한다.

　다발성 신경병증의 치료는, 원인을(예를 들어 비타민 B12 결핍, 과음 등) 없애는 데 있다. 통증이나 감각 장애는 기본적으로 약물로 효과적으로 낮출 수 있다. 마비 증상이 심한 환자들은, 배굴근(발등 굽힘근)이 약해 걸을 때 발이 떨어지는 것을 막을 수 있도록 비골부목 같은 보조기구가 필요하다.

　프리츠 씨는 2주 동안 병원에 있었다. 맥박이 느려져 다시 정상 범위 안에 들어섰고 심했던 땀도 줄었다. 2주 끝에 마비 증상이 처음으로 개선을 보였고, 폐 검사 결과도 서서히 좋아졌다.

그는 재활병원에서 6주를 더 보낸 뒤에 다시 진료실에 왔다. 자연스러운 걸음걸이로 목발 없이. 검사를 해보니 발에 아주 가벼운 마비 증상만 남았고 그 외 근력은 정상이었다. 근육 반사는 여전히 없었다.

"GBS 이후에 종종 근육 반사가 사라집니다." 내가 설명했다.

"다른 것도 같이 싹 사라졌다면, 그걸로 만족해요. 이제 나는 뒤늦게나마 휴가를 다녀와서 서서히 다시 일을 시작할 생각입니다."

6

머릿속 번개

"선생님, 지금 농담할 때가 아니에요. 구급대원이 이쪽으로 오고 있어요. 한 남자가 공원 벤치 옆에 의식을 잃고 쓰러져 있었대요. 지나가던 사람이 발견했답니다. 곧 도착할 거예요." 간호사가 미소를 지으며 겸연쩍은 몸짓을 했다. 이날 응급실의 아침은 평소와 달리 조용했고, 몇주씩 밀려있던 몇몇 업무를 처리할 수 있었다. "잠시라도 쉬게 놔두질 않는군." 슐츠 박사가 한숨을 내쉬고 서둘러 발걸음을 뗀다.

"푀르스터, 남자, 65세. 행인이 에버트 공원에서 발견했고, 처음에는 의식이 없었습니다. 호흡이 힘들었고, 입에 출혈이 있었어요. 우리가 도착했을 때 다시 깨어났지만 여전히 혼미한 상태였습니다. 혈압과 맥박은 정상입니다. 머리에 상처가 있고 출혈 흔적이 있습니다. 움직임에는 문제가 없어요. 이런 일이 처음이랍니다. 기저 질환은 없고, 복용 중인 약도 없습니다."

구급대원이 정보를 간략하게 전달하고, 환자의 머리 상처와 젖은 바지 상태를 알리고, 출동 기록을 의사에게 건넨다. "이 정도가 최선입니다. 선생님들과 달리 우리는 차분히 살필 여유가 없어요. 이제 검사를 해보시면 뭔가 더 알아내시겠죠." 구급대원은 서둘러 나가다말고, 열려 있는 문으로 머리만 다시 내밀어 덧붙인다. "아, 보호자한테는 저희가 연락했습니다. 지금 이쪽으로 오고 있습니다."

"안녕하세요, 푀르스터 씨, 어떤가요?"

"뭐, 다시 괜찮아졌어요. 머리가 약간 멍합니다. 무슨 일이 있었는지 하나도 모르겠어요."

"지나가던 사람이 푀스르터 씨를 발견했어요. 에버트 공원 벤치 옆에 쓰러져 있었대요. 넘어지셨던 것 같아요. 그 전에 무슨 일이 있었던 거죠?"

"기억이 안 나요. 전혀. 아침을 먹고, 늘 그렇듯 산책을 나갔어요." 환자가 잠시 망설이며 곰곰이 생각한다. 말이 느려지고 뭔가를 기억해내려 애쓰는 것처럼 보인다. "그러니까 … 기억하기로 공원으로 가기 위해 길을 건넜고 … 다시 배에서 이상한 느낌이 났던 것 같은데 … 맞아요! 다시 배가 이상했던 것 같고 … 자리에 앉으려고 했는데 … 그 뒤로는 모르겠어요." — "이런 일이 자주 있었나요? 의식을 잃고 쓰러지는 일이?"

"아니요, 한 번도 없었어요. 지금까지 아팠던 적도 없어요. 운 좋게도 병원에 갈 일도 약을 먹을 일도 없었어요. 담배도 술도 안 합니다. 근심 걱정 없는 정년 퇴직 공무원이에요. 개는 없고, 아내와 장성한 자식이 둘이고 손자가 넷인데, 모두들 건강합니다." 점차 말이 빨라졌지만, 웃을 때 오른쪽 입꼬리에서 피가 약간씩 흘러나왔다.

"혀를 깨물었나 봐요, 맞나요? 혀를 내밀어 보세요." 내민 혀의 좌측에 작은 상처가 있다. "그렇게 심해 보이진 않네요. 그런데 배에서 어떤 느낌이 있었다는 건지 설명해 주시겠어요? 정확히 어떤 느낌이고 언제부터 그랬나요?"

"글쎄요, 설명하기가 아주 힘든데, 아주 특이하거든요. 속이 메스껍긴 한데, 위에 문제가 있을 때 느끼는 그런 구역질이 아니에요. 토할 필요도 없고요. 갑갑하고 열기가 있는데, 기분 좋게 따뜻한 게 아니라, 불쾌하게 뜨끈한 기운이 가슴까지 오르고, 어떨 때는 목까지도 올라와요. 마치 갱도에서 부글부글 끓어오르는 마그마 같은데, 밖으로 토해지지는 않고 … 그럴 때면 불안감이 드는데, 뭐가 불안한지를 모르겠어요. 그냥 느낌이 아주 안 좋아요. 주변에서 무슨 일이 벌어지는지 정확히 인식하지 못하고, 모든 것이 멀리 떨어져 있고 낯설어요. 뿌연 이중창을 통해 보는 것처럼, 아주 특이해요. 아무튼 유쾌한 기분은 전혀 아닙니다."

"그런 기분이 얼마나 지속됩니까?" 슐츠 박사가 뭔가를 알아차린 표정으로 묻는다.

"그나마 다행인데, 금방 사라져요. 얼추 몇 분이면 끝나요. 하지만 시작 부분만 기억이 나고, 그 뒤로는 기억이 안 나요. 분명 바보처럼 보일테죠. 한번은 아내가 '그렇게 로맨틱하게 보지 마세요'라고 말한 적이 있어요. 낭만적인 표현 같지만, 아내는 그런 뜻으로 한 말이 아니에요. 아내는 독일어 교사이고 극작가 브레이트의 팬이란 걸 아셔야 해요. 브레히트는 어느 연극에서 객석에 현수막을 걸었었죠. '그렇게 로맨틱하게 보지 마세요!' 내가 넋이 나간 표정으로 아내를 빤히 봤나봅니다."

"얼마나 자주 그런 상태가 됩니까?"

"최근 3개월 사이에 여덟 번에서 열 번 정도였고, 전에는 한 번도 없었어요."

"그때 뭔가 이상한 냄새나 맛이 느껴지나요?"

"아니오. ... 아, 잠시만요. 한두 번 정도, 부글부글 끓는 마그마가 위로 올라올 때, 뭔가 썩은내가 나긴 했어요. 마녀의 부엌에서 날 것 같은 고약한 냄새. 하지만 대부분은 아무 냄새도 안 났어요."

"어렸을 때 발작이나 기절, 예를 들어 학교에서 짧은 기억상실을 겪었던 적이 있나요?"

"아니요, 늘 모범생이었어요. 그런 일은 없었고, 집에서도 없었어요."

"메스꺼움 때문에 병원에 가볼 생각은 안 하셨어요?"

"했었죠. 카니발 시즌이 끝나면 가려 했죠. 라인란트 출신이다 보니, 여전히 카니발 때 선보일 개그연설을 집에서 준비한답니다. 그리고 메스껍더라도 늘 금세 사라지고 두통도 없어요."

슐츠 박사가 고개를 끄덕이며 생각에 잠겼다가 몇 가지 질문을 더 한다. "체중이 줄고, 밤에 식은땀을 흘리거나 배변이나 배뇨에 문제 같은 건 없어요?"

"없어요." 환자가 뻐기듯이 대답한다.

"그럼 기억력과 집중력은 어때요?"

"머리 얘기군요. 머리는 여전히 잘 돌아갑니다. 아마도."

이어서 슐츠 박사가 환자를 진찰하고 기록한다. "전반적으로 정상, 초반에만 정신 활동이 느려짐. 측두 타박상, 혀 깨물기." 이 외에 별다른 특이점은 눈에 띄지 않는다.

"이제 채혈하고, CT를 찍은 다음, 면밀한 면담이 진행될 겁니다."

"뭐가 문제인지 말해주실 수는 없나요? 이미 알아내신 것 같아 그럽니다."

"네, 당연히 알고 싶으시겠죠. 모든 정황이 주로 '대발작'이라고 부르는 '전신성 간질 발작'을 가리킵니다. 아무도 경련을 보지 못했을 뿐이죠. 메스꺼움은 분명 '소발작'이라고 부르는 '결신 발작'인데, 그동안 소발작이었던 것이 이제 처음으로 대발작으로 바뀐 것 같습니다."

"좋게 들리진 않네요. 간질은 어렸을 때나 생기지, 늙어서는 아니라고 생각했어요. 이제 어떻게 되는 겁니까?"

"CT를 찍어 알아보려고요. 그다음 다시 얘기하죠."

슐츠 박사가 과장의사에게 보고한다. "전신성 간질 발작 환자 한 명을 제외하면, 지금까지 아무 일 없었습니다. 환자는 3개월 전부터 복합 부분 발작, 아, 죄송합니다, 인지상실 발작이 있었습니다. 응급의가 보기 전에 바로 이곳으로 왔고, 발사도 없었습니다. 환자는 모든 것을 잘 설명합니다. 라인란트 출신으로 말이 아주 많아요. 복부의 느낌을 아주 특이하게 설명해요. 그런 설명은 처음 들어봐요. 신경학적으로는 아무 이상이 없어요. 지금 CT를 찍고 있습니다. 1병동에 입원시킬 예정이고, 병동으로 가는 길에 뇌파 검사를 하고 MRI도 신청해 두었어요."

과장의사는 전문의 시험을 앞둔 레지던트의 설명에 동의하지만, 나중에 직접 다시 한 번 환자를 살펴볼 작정이다. '발사'라는 표현이 좀 기이하게 들릴 것이다. 이 말은 사냥 용어를 그대로 쓰는 것인데, 병원 속어는 때때로 다소 거칠고 불편하다. 이 단어는 간질 발작 때 환자에게 주입되는 진정제와 관련이 있다. 이런 발작이 응급의에게도 불안감을 주기 때문에 새로운 발작이 두려워 때때로 과하게 처방하여 너무 많은 진정제가 주입된다. 그것을 '발사'라고 부른다.

푀르스터 씨처럼 의식을 잃었을 경우, 먼저 간질 발작인지부터 확인해야 한다. 간질 발작이 맞다면, 어떤 유형의 간질인지 밝혀야 한다. 원인이 뇌의 국소 부위인 '부분 발작'인지, 뇌 전체인 '전신 발작'인지, 둘이 합쳐진 복합 발작인지 확인해야 한다. 부분 발작이라면, 간질이 시작된 뇌영역을 알아내야 한다. 푀르스터 씨가 이 경우였는데, 세 가지 질문으로 알아낼 수 있다. 이 세 가지 질문에 대한 답은 뒤에서 다룰 것이다.

의식소실, 급작스런 배뇨, 전형적으로 혀 측면의 깨문 상처,

말이 느려짐. 이것만으로도 슐츠 박사는 확신할 수 있었다. 피르스터 씨는 '대발작'이다. 환자가 발작 전에 그리고 지난 몇 달 동안 여러 번 특이한 상태를 경험했다는 것 역시 대발작과 잘 맞는다. 여기서 특이한 상태란, '소발작' 또는 더 정확히 말해 복합 부분 발작(새로운 용어 규칙에 따라 '인지상실 발작')을 뜻한다. 생각과 인식이 제한되거나 변하는 상태를 말한다. 먼저 대발작부터 보자.

. . . . .

간질이란 무엇인가?

많은 사람이 이미 이런 발작을 목격했거나 앞으로 목격하게 될 것이다. 간질은 흔한 병이다. 인구의 0.5~1퍼센트가 이 병을 앓는다. 발작이 여러 번 반복되거나 첫 발작 이후 뇌전도 또는 MRI에서 발작 확률이 높은 원인이 발견되면, 간질로 진단한다. 종양, 사고, 뇌졸중, 염증 등 원인이 무엇이냐와 상관없이 모든 흉터나 결손은 기본적으로 간질 발작 위험을 높인다. 만약 어떤 원인으로 발작이 생기면, '구조적 간질'이라고 한다. 다른 한편, 현대 의학으로도 진짜 원인을 찾을 수 없는 '특발성 발작'이 있다. 특발성이란 다른 질병과 무관하게 자체적으로 발생한다는 뜻이다. 특별한 상황이 유발하는 '간헐적 발작'이 있는데, 이것은 특발성 발작과 구별된다. 10퍼센트가 간헐적 발작을 적어도 한 번 정도 겪는다. 간헐적 발작은 아동의 경우 특히 열이 날 때 오고, 어른의 경우 수면 부족, 과음, 금주 금단현상, 마약이나 특정 약물, 물질대사 장애 등으로 생긴다. 간질 발작은 주로 어린 나이에 처음 생기는데, 요즘은 65세 이상 남성에게서 더 빈번히 나타난다.

그런데 간질이라는 것이 도대체 뭘까? **뇌전증이라고도 불리는 간질의 특징은 뇌 신경세포가 일시적으로 이상을 일으켜 유발되는 발작의 반복이다.** 의식소실이 있을 때도 있고 없을 때도 있으며, 운동, 감각, 시각, 청각, 후각, 미각, 언어, 자율신경계 영역에서 일시적 마비 증상이 나타난다. 대뇌 전체가 원인인 전신 발작과, 특정 국소 부위가 원인인 부분 발작으로 크게 나뉜다. 주로 '소발작'이라 불리는 부분 발작은 전신 발작으로 발전할 수 있다. 전신 발작의 가장 유명한 형태가 대발작 또는 강직간대성 발작이다.

대발작의 특징은 급작스러운 의식소실이다. 그것은 종종 외마디 비명으로 시작된다. 외마디 비명은 통증의 표현이 아니라, 호흡 근육이 수축하고 폐쇄된 틈새로 공기가 빠져나갈 때 나는 소리다. 환자는 비명을 지르며 바닥에 쓰러지고, 이때 종종 부상을 입는다. 눈을 뜬 채로 쓰러지고 동공이 확장되고 빛에 반응하지 않는다. 이어서 신체가 활짝 펴지고 딱딱하게 굳는다. 호흡이 멎고 안색이 파랗게 질린다. 그다음 팔다리가 리드미컬하게 움찔거리기 시작한다. 입에서 거품이 나오는데, 빈번하게 혀를 깨물어 피가 섞여 나온다. 대개 소변을 흘리기도 하는데, 대변이 나오는 경우는 드물다. 결국 움찔거림은 점점 느려지고 드물어지고, 기본적으로 몇 분 후에 완전히 멈춘다. 이어서 환자는 그르렁거리며 깊게 호흡하고 근육에 힘이 빠져 늘어진 채로 누워 몇 분에서 몇 시간 동안 잠이 든다. 잠에서 깨면 환자는 종종 흠씬 두들겨 맞은 기분이고, 중노동을 한 것처럼 근육이 뻐근하게 아프다. 혈액에서는 근육수치(크레아틴키나제)뿐 아니라 코르티손과 프로락틴 같은 호르몬도 크게 증가하는데, 이것으로 정신적 원인의 발작과 구별한다. 발작 때 근력이 아주 강해서, 척추체에 부상을 입거나 어깨 탈구가 발생할 수 있다.

이런 대발작을 처음 목격하면 누구나 그 위력에 겁을 먹어 처음에는 아무 반응도 하지 못할 수 있다.

그러나 이 상황에서 발작 환자를 어떻게 도울 수 있을까? 발작은 약물 없이 중단될 수 없다. 그러나 약물은 또한 필요치 않기도 한데, 거의 항상 저절로 멈추기 때문이다. 이때는 환자의 머리나 팔다리가 딱딱한 물건에 부딪혀 추가 부상을 입지 않도록, 담요나 옷으로 가려주면 좋다. 혀의 부상은 어차피 막을 수 없고, 시도해서도 안 된다. 어떤 경우든 발작이 멈출 때까지 환자 곁에 머물러야 한다. 그리고 발작이 멈추면 곧바로 환자에게 말을 시켜야 한다. 발작이 멎은 뒤에 구급대원으로부터 발작을 멈추는 약을 받는 일이 너무 자주 발생한다. 그러나 그것은 단지 앞에서 설명한 마지막 단계의 수면 시간을 늘릴 뿐이고, 최악의 경우 약을 먹은 뒤 환자들이 호흡기를 달아야 할 수도 있다. 그러나 약 5분 뒤에도 발작이 멈추지 않거나 잠시 멈춘 다음 다시 발작이 이어지면, 매우 위험한 상황이므로 지체없이 응급의에게 알려야 한다. 대발작의 지속은 언제나 생명을 위협한다.

간질Epilepsie이라는 단어는 그리스어 'epilambanein'에서 왔는데, 이것은 '움켜쥐다' '거칠게 잡다'라는 뜻이다. 대발작의 경우 바로 이해되는 용어다. 고대에는 간질을 때때로 '모르부스 사케르morbus sacer', 즉 '신성한 질병'이라 불렀다. 여러 유명한 역사적 인물들이 간질을 앓았다고 하는데, 그중에는 알렉산더대왕, 율리우스 시저, 나폴레옹 보나파르트, 표도르 도스토옙스키가 있다. 도스토옙스키는 자신의 간질 경험을 소설『백치』에서 미쉬킨 왕자를 통해 가장 생생하게 표현했다.

의식소실이 있는 발작의 또 다른 원인은 이른바 '가사 상태'인데, 이것은 짧은 기절로, 현기증, 떨림, 창백한 얼굴, 식은땀이 나고, 종종 '눈앞이 깜깜해지는' 기분으로 시작된다. 너무 느리거나 완전히 정지된 맥박을 유발하는 심부전 또는 저혈압이 주요 원인이다. 가사 상태의 경우 환자는 혀를 깨물지 않고 소변을 흘리는 일도 아주 드물다. 그러므로 푀르스터 씨의 경우 의식소실의 원인이 가사 상태일 확률은 매우 낮다. 그러나 의심스러운 경우 언제나 심장, 순환계, 물질대사 검사도 해봐야 한다.

퇴르스터 씨가 CT실에서 돌아왔고 그의 아내도 도착했다. 남편이 다시 정상으로 돌아와 아주 기뻐했다. "이게 어떻게 된 일이야? 잠시 산책하고 온다더니 이렇게 병원으로 데리러 오게 하면 어떡해!"

"그게 … 이번엔 좀 달랐어. 이상한 기분으로 끝나지 않았다고. 이번에는 뭔가가 나를 바닥에 쓰러트렸어. 의사선생님 말이, 간질 발작이었대."

"네, 그래 보입니다. 퇴르스터 씨 말이, 최근 몇 달 동안 여러 번 기이한 상태였고, 그때 보호자께서도 옆에서 보셨다고요. 어땠나요? 그때 남편이 어때 보였죠?"

"그러니까, 남편이 말해요. '어, 또 그러네!' 그리고 속에서 올라오는 갑갑하게 누르는 듯한 기운에 대해 말해요. 또는 모든 것이 평소와 다르다고, 모든 것이 멀어지고 아주 멀고 낯설게 느껴진다고 말할 때도 있고요. 그다음 내가 말을 걸어도 아무 반응이 없어요. 그냥 앞을 멍하니 보고만 있어요. 행복한 황홀경 상태가 아니라 그냥 넋이 나간 사람처럼요."

"그럼 내가 아주 로맨틱하게 본 게 아니네."

"멀리 딴 나라에 있는 것처럼 앞을 빤히 봤어. 극장에서 완전히 다른 세계에 있는 관객들처럼. 그다음 종종 입맛을 다시고 뭔가를 씹는 것처럼 턱을 움직이기 시작해. 손으로 옷을 여기저기

만지작거리고 셔츠나 조끼의 단추를 풀었다 채웠다 하고. 내가 여러 번 말했었잖아. 그런 상태라면 병원에 꼭 가봐야 한다고."

"그래서 지금 여기 있잖아."

"그런 상태가 얼마나 지속되나요?"

"대략 몇 분 정도. 완전히 정상으로 돌아오기까지는 시간이 좀 더 걸려요. 때때로 여기저기 돌아다니는데, 오늘처럼 쓰러진 적은 없었어요."

"얘기해주셔서 고맙습니다. 이제 명확해졌어요."

"남편의 병명이 뭐에요?"

"푀르스터 씨는 소발작이 있어요. 방금 말씀하신 그런 일들이 생기는 병이죠. 그리고 그런 소발작이 오늘 대발작으로 바뀐 거고요. 아무도 직접 목격하진 않았지만 아주 확실합니다." 의사가 환자에게로 몸을 돌린다. "입원하셔야 하고, 아직 알아내야 할 것이 많이 남았어요. 입원실로 가는 길에 뇌전도 검사를 할 거고 최대한 빨리 다시 뇌사진을 찍을 거예요. 이번에는 MRI로. 그리고 곧 약이 나올겁니다. 발작이 또 일어나지 않도록 하는 약입니다."

환자가 미심쩍은 표정을 지었다. "여보, 괜찮아. 이제 모든 것이 해명되었으니 잘 된 거야." 아내가 안심시키고 의사에게 묻는다. "그나저나 선생님, 남편의 CT 결과는 어때요?"

"뇌 자체는 나이와 잘 맞고 정상이에요. 뇌의 바깥, 뇌막 한 자리에 이상한 것이 있어요. 우리는 중립적으로 그냥 '종양'이라고 하는데, 크지도 않고 뇌를 압박하지도 않아요. 아주 흔히 있는 일이고, 많은 사람이 갖고 있어요. 그것 역시 나빠보이진 않습니다."

"종양 얘기를 어떻게 그렇게 아무렇지 않게 하세요?"

"슐츠 선생 말이 맞습니다. 안녕하세요, 저는 글라스입니다. 담당 과장의사입니다." 글라스 교수는 대화의 후반부를 이미 같이 듣고 있었다. "슐츠 선생이 말한 종양은 수막종 같네요. 아주 흔한 양성 종양이고 많은 사람이 가졌고 평생 모르고 살죠."

"하지만 남편은 이제 그걸 알았고, 발작이 있었고, 오늘은 쓰러지기까지 했어요."

"이제 그걸 계속 검사해야 합니다. 수막종으로 추측되는 이런 종양은 우연한 발견이고 발작과는 아무 상관이 없습니다. 퓌르스터 씨한테 무슨 일이 있었는지는 슐츠 선생에게 이미 보고받았습니다. 우리는 이제 다른 검사를 더 해봐야 하고, 그다음 모든 것을 차분히 분석해야 합니다."

"암은 아닌 거죠?" 아내가 걱정스레 묻는다.

"아닙니다. 암일 가능성은 없어요. 치료 전망이 아주 좋습니다. 모든 것이 치료될 수 있을 겁니다." 과장의사가 안심시킨다.

슐츠 박사는 환자가 대략 3개월 동안 겪은 일들을 '소발작'으로 표시한다. 부분 발작이라는 뜻이다. 뇌는 모든 신경계와 마찬가지로 전기기관이다. 원칙적으로 뇌의 모든 자리에서 충분히 제어되지 않으면 전기 자극이 증가할 수 있다. 이것이 간질 발작을 유발한다. 발작 증상을 보고 발원지를 추론할 수 있다. 간질 발작의 발원지에 따라 매우 다른 증상이 나타날 수 있다. 부분 발작일 경우, 원인은 종양, 염증, 혈액 순환 장애(경색), 혈관 기형, 두개골 및 뇌 부상, 알츠하이머 같은 뇌해체 질환일 수 있다. 대뇌피질의 신경세포(뉴런)에 손상이 있고, 이 손상이 즉각적으로 세포의 완전한 파괴로 이어지진 않더라도, 어떤 손상이냐와 상관없이 전기기관인 뇌가 간질 발작으로 반응할 수 있다.

· · · · ·

간질 발작의 증상

운동 대뇌피질이 발작의 발원지라면, 다리, 팔, 안면 근육, 신체의 절반에 경직과 리드미컬한 움찔거림이 생길 수 있는데, 손가락 하나 또는 입꼬리에서만 증상이 나타날 수도 있다. 그러면 이것을 강직간대성 발작이라고 부른다. 리드미컬한 움찔거림이 서서히 퍼질 수도 있다. 예를 들어, 오른손 엄지에서 시작하여 전체 손으로 확산하여 팔을 따라 어깨쪽으로 퍼지고 결국 얼굴의 오른쪽 절반이 경직된다. '잭슨 발작'이라고도 불리는 이런 발작은 종종 거꾸로 회귀한다. 전에 경직되었던 팔다리가 그후 일시적으로 마비될 수 있다.

감각 대뇌피질이 발작의 발원지라면, 간질거림이나 감전된 것처럼 찌릿거림으로 표현되고, 드물게 추위나 통증으로 표현되기도 한다. 또한, 서서히 신체 절반의 팔다리를 거쳐 확산할 수 있다. 시각피질의 발작은 깜빡임이나 번쩍임 또는 색깔 인식 장애를 유발하고, 사물이 왜곡되거나 크기가 다르게 인식된다. 환각이 발생할 수 있고, 드물게 내면의 눈에 짧은 영화가 상영되기도 하는데, 예를 들어 어떤 환자는 아이들이 노는 모습을 반복해서 본다. 어떤 환자는 말을 못하거나 반복해서 개별 음소와 음절을 말한다. 전두엽의 부분 발작은 특히 다양한 방식으로 나타난다. 환자들은 무심하고 무기력하고 또는 과잉 행동을 보이며 복잡한 동작 패턴을 보인다. 그들은 머리나 몸통을 돌리고 팔을 올리거나 펜싱선수처럼 앞으로 팔을 뻗는다. 어떤 환자들은 리드미컬하고 격렬하게 때리는 팔동작을 보이고, 발을 세게 구르거나 골반을 이리저리 흔든다. 종종 환자는 한 방향을 노려본다. 발작 발원지가 우뇌에 있으면, 환자는 지속적으로 왼쪽을 본다. 언제나 발원지에서 멀리 떨어진 곳.

의식이 제한되지 않는 한, 그냥 부분 발작이라고 부른다. 만약 의식의 변화가 있다면, 복합부분 발작 또는 정신운동 발작이라고 한다. 최근에는 이것을 또한 인지상실 발작이라고도 부른다. 이때 환자들은 대발작 때와 달리 의식을 완전히 잃지 않는다. 하지만 넋이 나간 것처럼 보이고, 무아지경처럼 자기만의 세계에 있는 것 같다. 이때 그들은 어느 정도 반응을 보일 수 있다. 이런 발작의 경우 종종 발작이 다가오고 있음을 감지할 수 있는 증상들이 먼저 나타난다. 이런 전조 증상 단계를 '아우라'라고 부르는데, 고대 그리스어로 '공기의 숨결'이라는 뜻이다. 아우라는 또한 아침바람의 여신이었다. 그러니까 본격적인 간질 발작이 시작되기 전에, 아우라 여신이 환자에게 아침바람처럼 '부드럽게' 경고를 보낸다. 비록 환자가 전조단계를 아직 온전한 의식으로 경험하더라도, 대부분의 환자는 이때 벌어진 일을 단지 띄엄띄엄 설명할 수 있다.

퓌르스터 씨는 예외 사례이다. 그는 이른바 '상복부 아우라'를 겪는데, 복부에서 목쪽으로 뭔가 불쾌하고 갑갑한 뜨거운 기운이 올라온다. 이것은 가장 흔한 전조 증상이다.

이외에 환각이 있는데, 대부분 불쾌한 냄새와 입맛을 느낀다. 종종 주변을 다르게 인식하고, 꿈을 꾸는 듯한 상태가 된다. 주변이 완전히 낯설어 보일 수 있고, 이것을 자메뷰(미시감)라고 부른다. 또는 상황이 이상하게 익숙하게 느껴지고, 환자는 예전에 한 번 경험했던 상황에 놓인 기분이 든다. 이것을 데자뷰(기시감)라고 부른다. 시간이 다르게 경험될 수 있다. 마치 영화를 2배속으로 관람하는 것처럼 모든 것이 너무 빠르게 보이거나 슬로우모션으로 진행되어 시간이 팽창하고 과정이 늘어지는 것 같다. 주변이 흐릿하고 무색이고 축소되거나 확대되고, 특히 입체적이고 뚜렷한 윤곽으로 인식될 수 있다. 정신적 이중 경험의 형태로 환자는 부분적으로 과거는 익숙한 장면과 낯선 장면을 동시에 경험하고, 현재의 주변 상황은 실제적으로 인식할 수 있다. 청각 정보는 멀리 떨어진 곳에서 들리는 것처럼 작고 불분명하고 또는 왜곡되거나 과도하게 명료하게 너무 크게 느껴질 수 있다.

종종 환자의 음성이 바뀌고, 대부분 억눌리고 겁 먹은 것 같고, 때때로 또한 흥분한 것 같다. 또한 개별 공포 경험도 전조 증상으로 나타난다. 기본적으로 아우라는 단순 부분 발작의 특별 형식이다. 그것은 복합 부분 발작(정신운동 발작/인지상실 발작) 때 나타날 뿐 아니라, 곧장 대발작으로 넘어가기도 한다.

복합 부분 발작의 두 번째 단계에서는 의식이 흐려지고 전형적인 움직임이 나타난다. 환자는 씹고, 입맛을 다시고, 웅얼거리고, 외마디 소리를 내고, 입술을 핥는다. 손으로 사물을 만지작거리거나 오른쪽에서 왼쪽으로 옮겼다가 다시 왼쪽에서 오른쪽으로 돌아온다. 손가락을 리드미컬하게 움직이고, 춤을 추듯이 다리를 번갈아 움직이거나 정처없이 이리저리 돌아다닌다. 그다음 자율신경계 증상도 나타난다. 맥박 및 호흡 빈도가 바뀌고, 얼굴이 창백해지거나 붉어지고, 동공이 종종 커진다. 이 단계에서 환자는 아직 어느 정도 반응을 보일 수 있는데, 요구에 응하지만 느리고 부적합하거나 미숙하다. 끝으로 비자발적 움직임이 점차 멈추고 환자는 서서히 원래 상태로 돌아와 주변을 인식하기 시작한다. 때때로 환자는 어떻게 그곳에 왔는지 모른 채 모처에서 다시 정신을 차린다. 환자는 그곳까지 오게 된 발작의 두 번째 단계를 기억하지 못한다.

복합 부분 발작은 대개 측두엽에서 시작된다. 그러나 때때로 전두엽의 병변이 원인이고, 그러면 특히 복합적인 움직임이 나타난다.

간질 발작에서는 환자뿐 아니라 가족과 다른 목격자에게도 발작 과정을 상세하게 물어보는 것이 매우 중요하다. 이 정보들이 발작의 발원지에 대한 중요한 단서를 제공한다.

대발작은 전신 발작의 가장 빈번한 형식이다. 그러나 그 외에도 전형적으로 특정 연령대에 처음 등장하는 여러 형식들이 있다. 대다수가 유년기에만 나타나지만, 성인기에도 나타나는 두 가지 형식을 여기에 소개하고자 한다. 결신 발작(압상스 발작)은 짧게 단 몇 초간 지속되는 발작으로 대개 학령기에 나타난다. 아이들은 시선이 경직되고 창백해지고 동작을 멈추고 요구에 반응할 수 없지만 쓰러지지는 않는다. 눈꺼풀을 깜빡이고, 움찔움찔 머리를 움직이고, 손가락으로 사물을 만지작거리는 등 전형적인 동작을 보이기도 한다. 학교에서 이런 결신 발작이 주의 산만으로 오인되어, 아이들이 오랜 기간 부당한 대우를 받는 일이 드물지 않다. 결신 발작은 아주 조용히 나타날 수 있고, 학교 성적 저하를 이끌 수 있다. 뇌전도 검사로 빠르게 올바른 진단을 내릴 수 있다. 결신 발작은 전조 증상이 없고 짧은 지속 시간을 통해 복합 부분 발작과 쉽게 구별할 수 있다.

일반적으로 아침에 잠에서 깬 후 양팔이 움찔거리는 것은 충동성 소발작(근간대성 발작)의 특징이다. 하이델베르크와 베를린대학 교수이자 독일 신경학자인 디터 얀츠Dieter Janz의 이름을 따서 '얀츠 증후군'이라고 불리기도 한다. 환자의 손에서 갑자기 아침빵이 떨어지거나, 환자가 칫솔을 벽에 내던진다. 그리고 몇 초 뒤에 발작이 끝난다. 이 발작은 대부분 청소년기나 청소년기 직후에 처음 나타난다. 결신 발작과 충동성 소발작은 대부분 아침에 잠에서 깬 후에 나타나는 대발작과 결부되어있다. 결신 발작과 충동성 소발작을 보이는 아동과 청소년은 정신적으로 아무 장애가 없다.

그사이 피르스터 씨는 EEG 검사실에 도착했다. **EEG는 뇌의 전기적 활동, 즉 뇌파를 기록하는 뇌전도 검사를 말한다.** 특별히 훈련된 의료기술 전문가가 전극이 부착된 고무밴드로 만든 둥근 덮개를 환자에게 씌운다. 전극 사이의 거리를 환자의 머리 모양에 맞게 조정하고 두피의 건조와 마찰을 통해 전기 저항을 낮춘다. 양쪽 귀에 추가로 전극이 부착되고 동시에 심전도가 측정된다. 이 검사는 아프지도 않고 해롭지도 않다. 특별히 차폐된 방은 조용해야 한다. 환자는 거의 누운 자세로 의자에 편히 앉아 이완한다. 검사자가 환자에게 모든 근육에서 힘을 빼고 입을 살짝 벌리고 눈을 감으라고 청한다. 그다음 검사가 시작된다. 검사 중에 검사자가 환자에게 계속해서 잠깐 눈을 뜨라고 청한다. 마지막에 몇 분 동안 깊게 그리고 더 빨리 호흡하라고 요구한다. 두개골을 뚫고 유도될 수 있는 뇌파의 진폭은 심전도보다 훨씬 얕다. 그래서 뇌의 전기 활동을 기록하려면 증폭기와 필터 시스템이 필요하다.

분석 때는 눈을 감았을 때의 기본 리듬에 주의를 기울인다. 그것은 머리 뒤쪽에서 가장 잘 형성되고, 푀르스터 씨의 경우 대부분의 사람과 마찬가지로, 초당 8~12회 빈도인 이른바 알파파가 주를 이룬다. 눈을 뜨면 이 알파파의 기본 리듬이 좌우뇌에서 차단되고, 눈을 감으면 즉시 다시 나타난다. 모니터에서 뇌파의 패턴을 검사할 때, 검사자는 아궁이 모양의 진폭에 주의를 기울인다. 그리고 다양한 뇌파에서 좌뇌와 우뇌를 서로 비교한다. 또한 기본 활동에서 벗어나 있고 경련 잠재성 또는 간질 패턴과 일치할 수 있는 뾰족하고 날카롭고 높이 솟은 스파이크 모양의 파동에 주의한다. 실제로 푀르스터 씨의 뇌파에서는 우측 측두엽에서 높이 가파르게 솟은 파동이 있었고, 부분적으로 근육의 가운데 불룩한 부분처럼 생긴 느린 사후 변동이 있다. 예리한 파동과 예리하고 느린 파동의 복합 형식이다그림 14. 이런 파동 형식은 우측 측두엽에 간질 활동이 있다는 표현으로 발작 가능성이 높다는 신호이다. 검사 끝무렵의 강화된 호흡(과호흡)에서 이상 패턴이 더욱 선명해진다. 과호흡 아래에서 혈액의 산-염기 균형이 깨지면서 뇌전도에서 발작 잠재성이 잘 드러난다.

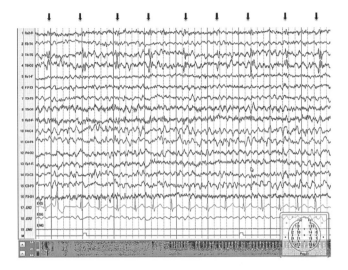

그림 14 : 우측 측두엽(레인 3과 4)에 예리한 스파이크 파동이(화살표) 있는 뇌파

특별한 경우에 사용되는 또 다른 도발 방법은 수면 박탈(환자는 밤새 깨어 있고 낮에 뇌전도 검사 동안에 잠드는 것이 가장 이상적이다)괴 다양한 빈도로 깜빡이는 빛 아래에서 뇌전도를 검사하는 것이다.

나이트클럽의 미러볼 같은 광학 자극이나 빛과 그림자가 교차하는 도로를 운전하는 것은 뇌전도의 간질 잠재력과 실제 간질 발작의 방아쇠일 수 있다.

뇌전도 검사는 간질에서 매우 중요한 역할을 한다. 그러나 뇌전도 검사에서 별다른 이상이 보이지 않는다고 해서 발작 위험이 완전히 배제되는 건 아니다. 간질 발원지가 뇌 깊숙한 곳에 있어서 뇌 표면의 전도에 나타나지 않거나 아주 잠깐만 나타날 수 있다. 그러므로 더 자주 검사를 해야 하거나 24시간 동안 계속 검사를 해야 할 수도 있다. 다른 한편으로 건강한 사람에게서도 간질 잠재성이 나타날 수 있다. 그러므로 간질의 존재 여부는 오로지 해당 증상을 통해서만 판명된다. 뇌전도 검사에서 아주 전형적인 간질 패턴이 나타난다. 예를 들어 결신 발작의 경우 예리한 파동과 느린 파동의 복합이 초당 3회 빈도로 나타난다. 뇌염, 중독 또는 중환자실의 코마환자에게도 뇌전도는 중요한 의미를 가진다. 그러나 두통이나 뇌졸중이라면 간질 발작이 없는 한 뇌전도 검사는 하지 않아도 된다.

다음 날 아침에 푀르스터 씨는 뇌 MRI를 찍었고, 이때 측두엽을 아주 세밀하게 층을 나눠 대뇌피질과 그 아래에 있는 골수를 아주 명확히 구분해주는 촬영기술을 썼다. 조영제 역시 환자의 정맥에 주입되었다. 뇌 외부 오른쪽에 작고 동그란 혹이 있다.

오후 회진 때 글라스 교수가 설명한다. "여기 오른쪽 정수리 부분에 작은 수막종이 하나 있습니다." 글라스 교수가 자신의 머리에서 수막종이 있는 위치를 가리킨다. "완전히 무해한 겁니다. 수막종은 양성 종양으로, 뇌막에서 생긴 것이지 뇌 자체에서 생긴 게 아닙니다. 아주 천천히 자라고, 아마 아주 오래 전부터 있었을 거예요. 많은 사람이 그런 수막종을 갖고 있습니다. 대부분은 전혀 모르고 살죠. 푀르스터 씨의 발작은 그것과 전혀 무관합니다. 수막종에 관해서는 1년 뒤에 MRI를 다시 찍어 성장 속도를 확인해보길 권합니다. 발작이 어디에서 왔는지는 아직 모릅니다. 아무튼 시작 지점은 측두엽 영역입니다." 글라스 교수가 다시 자신의 머리에서 측두엽 위치를 가리킨다. "측두엽에서 뇌 중앙 쪽 깊은 곳입니다. 그곳은 모든 것이 정상입니다. 종양도 없어요. 푀르스터 씨 연령대면 대부분 고혈압 때문에 뇌에 작은 혈관 변화가 있는데, 그것도 없네요. 푀르스터 씨의 혈압은 아주 좋아요. 혈당과 콜레스테롤 수치도 정상이고요."

"그럼 이제 뭘 하나요?" 환자가 묻는다.

"검사를 약간 더 해봐야 합니다. MRI 결과가 정상이라도, 특별히 치료해야 하는 염증이 있을 수 있습니다. 그래서 척수액 검사를 해봤으면 합니다. 척수액을 보면, 눈에 띄는 염증과 면역 과정이 있는지 확인할 수 있습니다. 뇌와 척수가 맑은 액체에 둘러싸여 있다는 거 아세요? 말하자면 뇌와 척수는 맑은 호수에서 헤

엄칩니다." 그다음 글라스 교수가 환자에게 검사를 설명한다. "여기 설명서가 있어요. 궁금한 것이 있으면 병동 담당의사에게 물어보세요. 상세히 답해줄 겁니다. 새 약은 잘 맞나요?"

"네. 불편감이 전혀 없어요." 전날부터 환자는 아침저녁으로 간질 발작을 예방하는 알약 하나를 먹고 있다.

척수액 채취 방법은 5장에서 길랑-바레 증후군을 설명할 때 이미 다뤘으니 기억할 수 있으리라. 병원 분석실의 결과는 정상이지만, 샘플을 외부 특별 분석실로도 보낸다. 몇 년 전부터 뉴런의 표면 구성성분을 공격하는 항체와 관련된 자가면역 뇌염이 점점 더 많이 발견된다. 뉴런의 구성성분을 공격하는 항체와 관련된 질환들이 알려진 것은 이미 오래전이다. 주로 기관지 또는 유선 암 같은 종양 질환에 의해 유발되는 질병들이다. 자가면역 뇌염도 암과 관련이 있을 수 있지만, 반드시 그런 건 아니다.

현재 적어도 열 개의 자가항체가 알려져 있지만, 계속해서 새로운 자가항체가 발견되고 있어서 조망하기가 쉽지 않다. 이런 항체들은 뇌의 전달물질을 위한 만남의 장소인 신경전달물질 수용체 또는 뇌세포의 전하 물질을 위한 이온운하의 구성성분을 공격한다. 자가면역 뇌염에서는 행동 및 성격장애, 망상 및 기타 정신병 증상, 기억 장애 및 기타 인지 상실이 가장 두드러지고 간질 발작 역시 빈번하게 기술된다. 이런 질환은 코르티손, 면역글로불린, 혈액 투석(혈장분리교환법)으로 치료될 수 있고, 그렇기 때문에 이것을 간과하지 않기 위해 항체 검사를 더 자주 진행한다. 기본적으로 자가면역 뇌염은 며칠 또는 몇주 안에 빠르게 진행되지만, 몇 달에 걸쳐 느리게 진행되기도 한다.

푀르스터 씨의 경우 이런 항체는 검출되지 않았고, 모든 검사는 의학 용어로 '음성'이었다. 내부 장기 검사도 이상이 없었다.

앞에서 말했듯이, 간질 발작의 원인은 아주 많다. 전기 기관인 뇌는 매우 다양한 영향에, 부분 발작 또는 전신 발작으로 반응한다. 이때 간질을 일으킨 뇌영역은 발작 증상이 나타나는 신체에서 멀리 떨어져있다. 개별 원인들은 연령대에 따라 서로 다른 의미를 가진다.

아동과 청소년의 간질에서는 유전적 요인, 태아 또는 유아기의 뇌 손상이 중요한 역할을 한다. 65세 이상인 경우 뇌혈류 장애와 그것으로 인한 병변이 간질 발작의 가장 중요한 원인이다. 중년기에는 여러 원인이 의심된다. 언제나 뇌종양을 생각할 수 있다. 수막종이 뇌막에서 점점 커지면 뇌를 압박한다. 그러나 뇌를 침투하지는 못한다. 일반적으로 뇌를 압박하는 종양은 간질 발작으로 이어질 가능성이 높은 반면, 뇌 안으로 자라나 세포를 파괴하는 악성 종양은 종종 마비와 언어 장애 같은 문제를 유발한다.

수막종은 아주 드물게 악성인데, 그러면 더 빨리 자라고 주변에 조직액(부종)이 많다. 만약 수막종이 질병을 만들면, 수술로 제거되어야 한다. 대부분 완전한 제거가 가능하다. 푀르스터 씨의 경우 수막종은 크지 않고, 그것이 현재 아무런 문제도 일으키지 않고 무엇보다 그것은 간질 발작의 원인이 아니다.

뇌에는 수많은 종양이 있다. 가장 빈번한 종양이 '신경교종'이다. 이것은 변성 정도에 따라 다양한 형태로 나뉜다. 가장 빈번하면서 악성인 뇌종양은 '교모세포종'으로, 신경교종 중 세포의 가장 강한 퇴행을 보여 불행히도 가장 나쁜 치료 전망을 보인다. 이것은 대개 두통, 메스꺼움과 구토를 동반하고, 신경 결손뿐 아니라 간질 발작도 일으킨다. 교모세포종은 혈관이 풍부하고 출혈 위험이 높아, 갑작스러운 악화를 유발할 수 있다. 그러나 다른 한편으로 혈관이 풍부하지 못해 조직이 괴사하기도 한다.

최근 몇 년 동안 이 종양과의 싸움에서도 많은 진전이 있었다. 예를 들어 화학요법의 유용성을 보여주는 분자가 확인되었다. 치료는 외과적 수술로 종양을 제거하는 것이지만, 이 뇌종양의 경우에는 종양세포가 건강한 조직처럼 보이는 곳까지 광범위하게 촘촘히 퍼지기 때문에 수술이 완전히 성공적이진 않다. 종양 제거 수술 때 당연히 언제나 신경기능의 유지를 염두에 둬야한다. 수술에 이어 방사선 치료와 화학요법 치료가 뒤따른다. 현재 백신 접종을 통해 교모세포종 세포에 대한 신체 방어력을 높이는 큰 기대와 희망이 있다. 이 치료법 연구에서는 현재 만하임과 하이델베르크의 신경클리닉이 세계를 선도한다.

뇌에서 번개는 어떻게 발생할까?

건강한 뇌의 뉴런에는 전기적 흥분과 억제가 역동적으로 균형을 맞춘다. 잘 조정되어야 할 흥분과 억제의 균형이 깨지면 간질 발작이 온다. 간질 성향의 뇌조직에서 뉴런의 전기 유도는 '세포막 탈분극'이라는 일련의 고압 방전을 보여주고, 이런 탈분극은 상반된 전기 현상인 '과분극'으로 종결된다. 이때 흥분된 뉴런들이 서로를 '감염시켜' 흥분이 고조될 수 있다. 넓은 뉴런망에서 이런 흥분이 충분히 고조되면, 뇌전도 검사에서 예리한 파동이 기록되고, 빈번하게 느린 파동이 그 뒤를 따른다('스파이크 파동' 또는 '예리한 파동과 느린 파동의 복합').

세포로 들어가는 나트륨 및 칼슘 이온의 전류와 세포 밖으로 흘러나가는 칼륨 이온의 전류는 뉴런의 흥분과 억제에 중요한 역할을 한다. 신경전달물질이 뉴런의 상호작용을 조절한다. 흥분시키는 신경전달물질(글루타민)과 억제하는 물질(GABA) 사이의 균형이 깨져도 발작이 생길 수 있다. 이 지식을 바탕으로 간질 치료제가 개발되었다.

기본적으로 모든 뇌는 간질 발작으로 반응할 수 있다. 그러나 '경련 저항력'은 사람마다 다르고, 유전자뿐 아니라 과거의 뇌 손상도 여기에 영향을 미친다. 간실 발삭의 원인을 규명할 때, MRI가 결정적 역할을 한다. MRI로 뇌의 발달 장애, 현재의 병변, 과거의 뇌졸중이나 부상이나 염증 뒤에 남은 흉터, 종양을 발견할 수 있다. 다른 한편, MRI에서 발견되는 조직 이상이 없고, 저혈당이나 혈액염, 드물게 비타민 결핍 같은 물질대사 장애가 발작의 원인일 수 있다. 또한, 술이나 마약 때때로 약물 같은 유해물질이 경련 저항력을 낮춘다. 그러나 끝내 원인을 밝히지 못하는 경우도 드물지 않다.

퓌르스터 씨의 경우가 그랬다. 의심의 여지 없이 간질 발작이다. 더 정확히 말하면, 상복부에 나타나는 전조 증상으로 시작되어 대발작으로 성장한 복합 부분 발작이다. 이런 전형적인 증상은 측두엽이 발작 발원지이고, 뇌전도 검사에서 우측 측두엽이 문제의 기원으로 지적되었다.

그것으로 앞에서 했던 세 가지 질문에는 답이 되었지만, 그 뒤에 있는 원인에 대한 폭넓은 질문에는 아직 답을 찾지 못했다. 아무 원인도 없었다. 병동에 입원해 있는 동안 퓌르스터 씨는 새로운 간질 발작을 일으키지 않았다. 결국 퓌르스터 씨는 발작을 예방하는 약을 받아 퇴원했다.

· · · · · ·

간질 발작은 어떻게 치료될까?

간질 발작이 반복되면 치료를 받아야 한다. 첫 번째 발작이라도, 뇌전도 또는 MRI에서 발작 위험이 매우 높게 나타난 경우라면, 바로 치료를 시작한다. 최신 발작으로 뇌조직에 또다른 손상이 추가될 수 있고, 발작 때 몸을 다칠 수도 있다.

간질 환자들은 사회에서 낙인이 찍힐 수 있고 정신 장애로 이어질 가능성도 있다. 그러므로 치료 목표는 약물 부작용을 최소화하면서 발작에서 자유로워지는 것이다. 수면부족, 과음, 유해약물 같은 가능한 요인들이 제거되어야 한다. 간질 환자들은 규칙적으로 자야 하고, 너무 많이 자서도 안 되지만 무엇보다 너무 적게 자면 안 된다. 치료의 진행 상황을 모니터링할 수 있도록, 발작이 더는 나타나지 않을 때까지 꾸준히 발작과 특징을 기록하는 것이 중요하다. 간질의 경우 다양한 정신적 심리적 질병이 생길 수 있는데, 그중 하나가 심인성, 즉 비간질성 발작으로, 이것은 때때로 진짜 간질 발작과 구분하기 어렵다. 이때 장기 뇌전도 검사와 뇌전도 영상촬영이 매우 유용할 수 있다.

치료를 위해서도 발작 유형을 가능한 한 상세하고 정확하게 확인하는 것이 중요하다. 어떤 발작에는 개별 항간질제가 특히 효과적인 반면 어떤 발작에는 반대 효과를 낼 수 있기 때문이다. 약물 치료는 기본적으로 천천히 시작하여 점차 용량을 높인다. 한 가지 약으로 치료되지 않으면 두 번째 약물이 추가된다. 서로 다르게 작용하는 두 약물을 조합하는 것이 가장 좋다. 어떤 약은 나트륨에, 어떤 약은 칼슘에 더 많이 작용하고, 또 어떤 약은 신경전달물질 GABA의 억제를 높인다. 최근 몇 년, 몇십 년 사이에 항간질제의 종류가 많아졌다. 새로운 항간질제 대부분은 무엇보다 다른 약물과 상호작용하지 않고, 부작용이 드물며, 더 빨리 투여될 수 있는 장점이 있다. 충분한 용량의 항간질제를 올바르게 복용했는데도 발작에서 벗어날 수 없으면, 신경외과적 치료법도 고려해야 한다. 발원지를 찾기 위한 상세한 검사 뒤에, 손상위험 없이 수술로 제거할 수 있는지, 그것으로 발작을 줄일 가능성이 있는지 결정해야 한다.

간질 환자들은 자신의 질병에 대해 상세히 설명을 듣고 상담을 받아야 한다. 그들은 다른 사람들과 똑같이 평범하게 살 수 있어야 한다. 그러나 발작에서 자유롭지 못하는 한, 발작이 닥쳤을 때 환자 자신이나 다른 사람들을 위험하게 할 수 있는 모든 활동을 피하는 것이 좋다. 예를 들어 위험한 기계를 다루거나 높은 곳에서 하는 작업 또는 위험한 스포츠는 피해야 하고, 욕조 목욕도 삼가는 것이 좋다. 암살 시도를 당해 뇌를 다친 지 몇 년 후에 욕조에서 간질 발작으로 익사한 루디 두치케Rudi Dutschke를[독일 68혁명 세대를 상징하는 학생운동 지도자-옮긴이] 생각해보라.

푀르스터 씨는 간질 발작이 잘 치료될 수 있었다. 대발작이 더는 나타나지 않았고, 복합 부분 발작도 환자의 표현에 따르면 "털끝만큼만" 남았다. 아주 큰 간격으로 이따금 한 번씩 발작을 상기시키는 상복부의 부글거림과 뜨거운 기운이 가슴까지만 올라오다 멎고, 넋이 나가는 일도 없다. 그랬더라면 주변 사람이 예를 들어 그의 아내가 확인할 수 있었으리라. "남편은 다 나았어요. 깨끗이!" 후속 외래진료 때 그의 아내가 말했다. MRI 검사는 정상이다. 환자의 측두엽은 시간이 지나서도 발작의 원인으로 밝혀지지 않았다. 작은 종양이 서서히 존재감을 드러낼지 모른다는 걱정 역시 점차 줄어들었다.

간질학은 고도로 전문화된 병원의 신경과 내부에 소속된 세부 전문분야다. 장기 뇌전도 검사 및 뇌전도 영상촬영이 대부분의 신경과 병원에서 제공되는 반면, 발작의 발원지를 좁히기 위한 뇌 깊숙한 곳의 뇌전도 검사 같은 특별 검사는 해당 특별 부서에서만 받을 수 있다. 발작에서 벗어나지 못한 환자들은 그곳으로 보내져야 한다.

간질 발작은 특별히 뇌가 전기 기관임을 우리에게 상기시킨다. 간질 발작을 해명하기 위해서는 특별히 상세한 질문과 관찰이 요구된다. 예를 들어, 발작 후 코를 문지르고 닦는 행위는, 간과되기 쉬운 '사소한' 증상이지만, 사용한 손 쪽에 간질이 집중되어 있음을 나타낸다. 발작 동안에 말을 하는 것은 발원지가 비언어적인 우뇌라는 뜻이고, 발작 후 언어 장애는 언어적인 좌뇌가 빌원지라는 뜻이다. 어떤 환자들은 발작 증상을 보이기 전에 귓속에서 소리를 듣거나 소음, 목소리 심지어 음악을 듣는다. 이것은 청각 영역이 있는 측두엽 외측이 발작 발원지라는 뜻일 수 있다. 소리나 음악이 간질 발작을 유발할 수 있고, 어떤 경우에는 환자가 발작 동안에 노래를 부른다. 이것은 매우 드문 형태지만, 간질 발작 현상의 넓은 스펙트럼을 잘 보여준다.

신경과 학회에서 병원 직원이자 환자였던 사례가 보고되었다. 이 사람은 오랜 채식주의자였음에도 병원식당에서 어느 날 갑자기 소시지를 식판에 담았다. 간질에 대해 잘 알았던 동료들이 이것을 이상하게 여기고, 즉시 뇌전도 검사를 받아보라고 권했다. 예상대로 간질 발작이 진단되었다. 환자는 잘 치료되어 채식 식단으로 돌아갔다고 한다. 이 사례에서 보여주듯이, 간질과 치료에서 우리는 아주 특별한 현상과 경험을 직면하게 되고, 증상이 매우 개별적이며, 증상을 해석하기 전에 때때로 당사자를 정확히 검사해야 한다. 그래서 소시지를 주문한 채식주의자가 이 장의 마지막을 장식했다.

7

치매

"프랭크 씨, 안녕하세요. 저는 그라우입니다. 이쪽은 병동 담당의사 글뤽 박사이고요. 여기 왜 왔는지 아세요?"

75세 남자가 나를 빤히 보고, 꼼짝도 하지 않는다. 한참을 더 있다가 도움을 찾는 눈빛으로 옆에 선 아내를 보자, 아내가 거절하며 말한다. "내가 아니라 당신한테 물으셨으니 당신이 대답해요." 프랭크 씨는 질문에 직접 답해야 하는 것이 확실히 싫은 눈치다. "아무일도 없어요. 아무데도 아프지 않아요. 문제도 없고요. 집에 갈래요."

"여보, 도움을 받아야 해요. 그냥 집으로 가면 안 돼요."

"왜 안 돼? 난 집에서 아무 문제 없어. 여기 올 필요도 없었다고." 프랭크 씨가 원망하듯 아내를 본다.

"걷는 건 어때요? 잘 걸을 수 있어요?" 내가 얼른 끼어들어 묻는다.

"그야, 예전엔 더 좋았죠. 예전 같진 않지만, 그래도 가판대에서 신문 정도는 사올 수 있어요. 느리지만 다 해낼 수 있어요."

진료차트에 붉은색으로 "보행 장애와 치매. 알츠하이머?"라고 적혀 있어서, 나는 계속 묻는다. "기억력은 어때요? 모든 걸 잘 기억하실 수 있어요?"

"예전처럼은 아니지만, 이 정도면 충분해요. 문제없어요."

"여보, 솔직하게 말씀드려요! 신문 외에 세 가지 물건을 사오라고 쪽지에 적어줘도 못 사오잖아요. 두 개라도 사오면 좋겠네요."

"옛날에도 기억력이 좋았던 건 아니야." 환자가 툴툴거린다.

"예전엔 무슨 일을 하셨어요?"

"지붕기술자였어요. 직원이 대여섯 명이었죠."

"네, 그리고 남편은 5년 전까지 모든 사무를 다 봤고, 뭐 하나 빠트리는 적이 없었어요. 이런 일은 작년에 처음 시작되었어요. 그리고 많은 것이 달라졌어요. 뼈에 힘이 하나도 없어요. 그리고 좀처럼 움직이질 않아요. 뭘 하게 하려면 닦달을 해야 해요. 소파에 앉아 신문 읽는 것 말고는 아무것도 안 해요. 소파에 못 앉게 하면 서서 신문을 읽는다니까요. 친구들도 안 만나고, 종종 친척들조차 만나지 않으려 해요. 나는 어디든 혼자 가야 해요. 매사에 관심도 흥미도 없어요. 소변이 변기 안으로 떨어지는지 밖으로 떨어지는지 신경도 안 써요."

프랑크 씨가 아내를 못마땅하게 쳐다본다. "또 과장해서 말한다! 나는 75세이고 편히 쉬어야 할 나이라고."

"소변은 어때요? 문제가 있나요?"

"글쎄요, 문제라고 할 것까진 못 되지만 때때로 급하긴 해요. 화장실에 거의 도착했을 때 벌써 나와요. 다리는 느리고 방광은 빠르고, 그래서 때때로 그런 일이 벌어져요."

고혈압과 작업하다 다친 흉터를 제외하면, 특이사항이 없다. 글뤽 박사가 이미 환자를 진찰하고 보고했었다. "정신병리(성격 및 정신 능력의 변화)와 보행 장애를 제외하면 별다른 이상 증상은 발견되지 않음."

나는 환자 옆으로 가서 청했다. "걷는 걸 좀 보여주시겠어요?"

키가 크고 약간 뚱뚱한 남자가 힘겹고 서툴게 일어나 살짝 비틀대며 서 있다가 발을 떼려 시도했지만 헛수고다. "처음이 어려워요. 종종 이래요." 그가 짧게 알리고, 두 번째 시도에서 성공하여, 두 다리를 넓게 벌리고, 두 발은 거의 바닥에 붙이고 끌 듯이 작은 보폭으로 천천히 걷는다. 모든 것이 위태위태 불안해 보인다. 계속해서 양팔로 세차게 허우적대며 균형을 잡으려 애쓴다.

나는 불안한 마음에 떨어져 있지 못하고 따라간다. "넘어진 적이 있나요?"

"가끔."

"일주일에 적어도 한 번." 보호자가 덧붙인다.

"지팡이나 보행보조기가 있습니까?"

"아니, 없어요. 그런 건 늙은 노인이 쓰는 물건이잖아요. 나는 아직 그 정도는 아닙니다. 그런 거 없이도 걸을 수 있어요."

환자는 침대에서 두 다리를 자연스럽게 움직일 수 있고, 마비가 없고, 특별한 경직이 없다. 다리를 들어 허공에 숫자를 쓰거나 뒤꿈치를 반대 다리 무릎 위에 올리고 문제 없이 정강이를 따라 발목까지 움직일 수 있다. 불안한 걸음걸이와 완전히 대조적이다.

기억력 테스트에서 환자는 약 5분 뒤에 다섯 단어 가운데 세 단어를 정확히 기억해낼 수 있었다. "체리와 딸기의 공통점이 뭐죠?"

"당연히 과일이죠."

"소나무와 전나무의 공통점은?"

"나무."

"좋아요, 잘했어요. 원숭이도 나무에서 떨어질 때가 있다. 이 속담이 무슨 뜻인지 설명해주시겠어요?"

환자는 오랫동안 머뭇거렸다. "나무와 관련이 있네요. 그러니까 원숭이가 나무에서 떨어지네요. 끝."

"그게 다예요?"

"네. 끝이에요."

환자는 알파벳을 거꾸로 말하거나 1분 안에 최대한 많은 동물 이름을 대는 것을 힘들어했다. 흔한 반려동물 뒤로 아주 느리게 겨우 겨우 하나씩 더해졌다. 그다음 인내심이 바닥나 화를 냈다.

"어떻게 생각해요?" 나는 문 앞에서 글뤽 박사에게 물었다.

"어렵지 않네요. 치매, 전형적인 보행 장애와 배뇨 장애. 정상 압수두증이 의심됩니다. CT를 찍고, 예상대로라면, 내일 요추천자를 실시해야겠습니다. 그전에 시간을 내서 복도 '트랙'에서 걸음 수를 세고, 작업치료사에게 'MoCA 테스트'도 의뢰하겠습니다. 알츠하이머는 아닌 것 같습니다."

"좋아요. 그렇게 합시다."

MoCA는 몬트리얼 인지평가**Montreal Cognitive Assessment**라는 뜻으로, 기억력, 추상력, 언어능력, 주의력, 집중력, 시간감각, 방향감각 등 다양한 정신 능력을 검사하는 짧은 테스트이다. 이 테스트는 짧은 간격으로 진행 과정을 검사하는 데 적합하다.

· · · · ·

치매 – 기억력이 나빠지면

많은 사람이 치매를 늙으면 치러야 하는 재앙으로 인식한다. 나이가 들수록 치매 빈도가 명확히 증가하는 것은 사실이다. 65세까지 치매 환자는 1퍼센트 미만이고, 90세 이상은 약 30퍼센트에 달한다. 그러므로 치매는 종종 노화와 똑같이 취급된다. 그러나 의학에서 그것은 여러 증상의 조합으로 이해되는 증후군으로, 그 뒤에는 다양한 질병이 숨어있을 수 있다. 독일에서 치매 환자 수는 약 120만 명으로 추산되고, 약 25만 명이 매년 새롭게 추가된다.

치매의 특징은 정신(인지) 능력과 일상생활 능력의 감소 및 상실이다. 일상생활에 중대한 제한이 없는 한, '경미한 인지 장애'라고 부르기도 한다. 치매의 진행 과정에서 환자는 기억력 장애를 겪는데, 대부분 새로운 기억이나 단기 기억이 옛날 기억보다 더 빨리 사라진다. "어제 무슨 일이 있었지? 편지를 어디에 두었지?" 일상에서 생기는 전형적인 질문이다. 언어 능력과 이해력이 떨어질 수 있고, 문장이 더 단순하고 짧아지고, 어휘 선택이 제한되고, 언어가 빈약해지고 복잡한 텍스트를 이해하기 힘들어진다. 환자들은 신문을 뚫어지게 보지만, 내용을 부분적으로만 이해하거나 전혀 이해하지 못한다. 시간감각과 방향감각이 약해진다. "오늘이 몇일이지? 여기가 어디지? 집까지 어떻게 가지?"

우리는 모두 종종 올바른 단어가 생각나지 않아 애를 먹고, 이름들이 떠오르지 않거나 자동차를 어디에 주차했는지 잊는다. 그것은 흔히 있는 일이고 불안해할 이유가 전혀 없다. 그것은 다행히 아주 인간적이고, 기계나 컴퓨터와 인간의 다른 점이기도 하다. 그러나 그런 일이 자주 발생하고 일상생활에 방해가 될 정도면, 질병으로 볼 필요가 있다. 진행 과정에서 성격 변화가 나타날 수 있는데, 예를 들어 더 예민해지거나 인내심이 약해지고 또는 무관심해지고 의욕이 없고 감정이 무뎌지고 사회생활을 멀리한다. 공격성, 불안증, 밤과 낮이 바뀌는 것은 가족에게 큰 부담일 수 있다. 치매 환자를 돌보는 가족은 종종 육체적 정신적으로 매우 힘들고 스스로 지치고 병들 수 있다. 종국에는 예전의 '나'를 때때로 전혀 알아차리지 못하고, 자아 정체성이 결여되어 '영혼 없는 몸' 상태가 될 수 있다. 치매가 진행될수록 무력감과 환경의존성이 커진다. 치매의 이런 진행 과정 때문에 이 병을 크게 두려워한다. 게다가 효과적인 치매 치료법이 아직 없다. 그러나 바로 이 지점에서 세 가지 긍정적 메시지가 있다. 첫째, 치료가 살 되는 형식의 치매도 있다. 그러므로 모든 치매는 일찍 발견되어야 한다. 둘째, 제때에 시작하기만 하면, 치매도 예방할 수 있다. 이 얘기는 뒤에서 자세히 다루기로 하자. 셋째, 고령화를 고려하여 수치를 보정해 보면, 치매는 소문처럼 증가하지 않고 오히려 감소하고 있다.

전통적으로 치매는, 후천적 기억력 장애와 고차원적 뇌 기능의 저하가 결합되어 일상생활 제한이 6개월 이상 지속되는 것으로 정의된다. 이때 의식은 유지되어야 한다. 그러나 기억력이 오랫동안 잘 유지되는 치매 형식도 있다. 그러므로 보다 포괄적인 정의는 여러 고차원적 뇌 기능의 장애를 기반으로 한다. 이런 기능 중 하나가 기억력이다.

프랑크 씨의 CT에 이상 징후가 나타났다. 뇌 중앙에 있는 뇌척수액 공간(뇌실) 네 곳이 모두 명확히 확장되어 서로 뭉쳐있다. 반면, 두개골 지붕 아래의 뇌 주름 사이 고랑이 압착되어 거의 알아볼 수 없다그림 15. "정상압수두증의 교과서적 상태네요." 글뢱 박사는 자신의 진단이 적중한 것에 기뻐했다. "이제 환자와 보호자에게 내일 있을 요추천자에 대해 설명하겠습니다."

　인지 장애가 있는 환자의 경우, 환자가 침습 범위를 이해할 수 있는지 또는 예를 들어 돌봐줄 간병인을 구할 수 있는지 확인해야 한다. 프랑크 씨의 경우 의심의 여지 없이 설명이 가능했다. 요추천자는 문제없이 진행될 수 있었다. 정상압수두증의 경우 척수액 채취는 다른 원인을 배제하기 위한 기본 단계일 뿐 아니라, 동시에 치료 수단이기도 하다. 요추에서 척수액을 30~50밀리리터를 빼내면, 증상이 완화된다. 주로 걸음걸이가 금세 개선된다. 그러나 인지 장애가 개선되는 일은 드물다. 치매의 최대 5퍼센트가 정상압수두증이지만, 애석하게도 대부분 1년 이상 지난 뒤에 진단이 내려져 너무 늦다. 치료되지 않은 정상압수두증의 결과는 중증 치매 그리고 완전 거동 불능 상태일 수 있다.

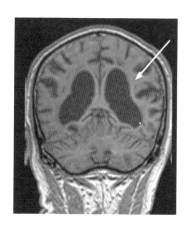

그림 15 : 정상압수두증으로 뇌척수액 공간이 확장된(화살표) 환자의 MRI

요추천자 후 이틀째 되는 날 회진 때 프랑크 씨가 아주 기뻐했다. "확실히 효과가 있어요. 이제 훨씬 잘 걸을 수 있어요. 보세요. 곧 다시 지붕 위에 오를 수도 있겠어요." 실제로 걷는 속도와 보폭이 명확히 증가했고, 회전도 훨씬 쉽게 했고, 무엇보다 걸음의 개선을 통해 훨씬 활기차고 정신적으로 더 건강해진 것처럼 보였다. "척수액을 빼기 전에 프랑크 씨는 복도 트랙에서 40초와 62걸음이 필요했는데, 오늘 아침에는 25초와 39걸음이었습니다. MoCA 테스트는 전에 19점이었는데 이제 22점입니다." 글뢱 박사가 기뻐했다.

병원에서 '트랙'이라고 부르는 것은 병동 복도에 있는 보행 구간으로, 거기서 최대 속도와 걸음수를 측정할 수 있다. 프랑크 씨의 MoCA 테스트 점수는 이제 경미한 인지 장애 영역에 있다. 테스트 결과가 약간 개선된 것은 좋은 징조이나 과대평가해선 안 된다. 정상압수두증의 경우, 단순한 테스트로는 인지 장애로 평가되지 않는 제한된 자기인식 장애, 정신적 유연성 결여, 정서적 무관심, 권태, 의욕상실이 지배적이다.

나중에 더 상세한 정신 능력 검사에서 진단이 더 명확해졌다. 그러나 무엇보다 가까운 사람의 증언도 중요하다. "남편이 확실히 좋아졌어요. 전혀 기대하지 않았었는데 말이죠." 오후에 환자의 아내가 기뻐했다. "걷는 모습을 보고 파킨슨병이라 생각했었어요."

"잰걸음 말고는 파킨슨 징후가 전혀 없습니다. 걸을 때 팔을 아주 잘 흔들고 손끝도 야무지고 표정 변화도 자유롭고, 파킨슨 환자처럼 모노톤으로 말하지도 않아요. 그러니까 파킨슨을 예상하진 않아요. 하지만 예를 들어 낙상으로 두개골 지붕과 뇌 사이에 이른바 경막하 출혈이 있었더라면, 또는 전두엽에 서서히 자라는 종양이나 특히 고혈압으로 뇌의 모세혈관에 손상이 있었더라면 모를까…… 하지만 다행히 모두 없어요." 글뢰크 박사가 중대한 차이점을 요약했다. "프랑크 씨는 척수액을 빼내는 것으로 치료할 수 있는 질병을 가졌어요. 증상이 지금보다 더 개선될 수 있어요. 다만, 나쁜 소식은, 다시 더 나빠질 거라는 겁니다. 언제인지는 몰라요. 지속적인 개선을 위해, 장기적으로 척수액을 빼야 합니다. 그것을 위해 신경외과 의사가 '션트shunt'라는 얇은 호스를 연결할 겁니다. 그것이 뇌에서 뇌척수액을 심장의 심방이나 복부로 배출시킵니다. 조절가능한 밸브가 있어서 너무 많이 또는 너무 적게 척수액이 배출되지 않게 할 수 있습니다."

"이제 내 머리에 구멍을 내라고요? 도대체 왜요?"

"수술할 때 위험하진 않나요? 다른 방법은 없을까요?" 환자의 아내가 급하게 끼어들었다. 글뢰크 박사가 출혈 합병증과 션트 감염에 대해 설명하고 덧붙였다. "증상이 심해지면, 계속해서 요추에서 척수액을 뺄 수는 있어요. 나만 단점이 있어요. 정신 능력이 자주 느려지고 조용히 나빠져서 너무 늦게 알아차리게 된다는 거죠. 신경외과 의사와 상담해보세요. 예약을 잡아드리죠."

치매는 가능한 한 빨리 진단되어야 하고, 몇몇 원인에 의한 치매는 효과적으로 치료할 수 있다. 앞에서 이미 언급한 질병 이외에, 매독, 에이즈 그리고 진드기가 옮기는 신경보렐리아증 같은 염증성 질병, 앞 장에서 언급되었던 자가면역 질환, 다발성경화증도 여기에 속한다. 신장 및 간 기능 저하, 칼슘대사나 갑상선 물질대사 장애, 만성 수은중독, 비타민 결핍이 치매를 유발할 수 있다. 특히 비타민 B12 결핍이 대표적이다. 이것은 불균형한 식단 또는 소장의 흡수 장애로 생길 수 있는데, 다발성 신경병증, 척추 손상, 불안정한 보행, 인지 장애, 치매를 유발할 수 있다. 독일에서는 과음이 아주 중대한 치매 원인이고, 치매 초기라면 금주로 개선이 가능하다. 마약이나 진정제를 다량으로 자주 복용하면 치매의 원인이 될 수 있다.

잘 치료될 수 있는 치매의 인상 깊은 사례 하나를 여기에 소개하겠다. 45세 기업가이자 가장이 1년 전부터 사업상 문제로 점점 힘들어졌다. 월급지급과 대차대조표가 어려움을 점점 더 키웠고, 조급하고 성급한 행동으로 부부 문제까지 추가되었다. 대발작이 이 환자를 결국 우리 병원으로 안내했다. MRI와 척수액 검사는 정상이지만 뇌전도 검사는 전기 활성이 느려지는 이상 증상을 보여준다. 정신 능력 검사는 여러 인지 분야에서 명확한 결손이 있다. 혈액수치에서 갑상선조직에 저항하는 항체가 이상하게 많았다. 갑상선 기능 자체는 정상이고 환자는 갑상선 질환을 앓았던 적이 없다. 환자는 코르티손을 처방받았다. 몇 주 뒤에 벌써 상태가 호전되었고 3개월 후에 깨끗이 나았다. 환자, 가족, 의사 모두에게 기쁜 일이었다. 지금까지 잘 이해되지 않는 이 질병은 오늘날 스테로이드, 즉 코르티손에 반응하는 뇌병증이라고 불린다. 옛날에는 이것을 하시모토 뇌병증이라고 했는데, 같은 항체가 하시모토 갑상선염에서도 발견되기 때문이다. 그러나 환자의 단 30퍼센트 정도만이 갑상선 물질대사의 변화를 보인다.

수많은 다른 질병과 치매를 구별해야 한다. 기억력 장애, 선천적 지능저하, 청각이나 시각 장애로 인한 소통능력 제한, 정신착란처럼 의식에 영향을 미치는 질병, 그리고 무엇보다 우울증. 심각한 우울증일 때도, 모든 정신 과정이 느려지고 모든 것이 경직될 수 있다. 이것을 이른바 '가짜 치매'라고 부른다. 이때 인지장애가 주로 빠르게 시작되고 진행 과정에서 거의 악화하지 않으며 우울증 치료와 함께 저절로 개선된다.

전 세계적으로 약 4400만 명이 치매에 걸리는데, 1990년만해도 단 2000만 명이었다. 그러나 늘어나는 기대 수명과 인구 증가를 감안하여 보정하면, 증가율은 겨우 1.7퍼센트이다. 독일에서 1990년과 2016년 사이에 연령 보정 후 치매 환자 수는 심지어 18퍼센트가 감소했다.

가장 흔한 치매 형식 – 알츠하이머

전체 치매 환자의 약 절반이 가장 잘 알려진 알츠하이머 유형 (이하 DAT)의 치매를 앓거나, DAT와 혈관성 치매가 혼합된 치매를 앓는다. DAT의 약 5퍼센트가 선천성인데, 다양한 유전자에 그 원인이 있다. 기본적으로 70대에서 90대에 시작되지만, 선천성 DAT는 젊은 나이에 벌써 나타날 수 있다.

DAT는 이른바 '피질 치매'의 전형적인 예로, 뉴런이 있는 회색질과 대뇌피질이 원인이다. 피질 치매의 경우, 주로 언어, 행동, 방향감각 장애가 나타난다. 환자들이 감정적으로 다소 무심해 보인다. 운동 장애는 없거나 나중에 나타난다. 반면, 프랑크 씨처럼 전형적으로 정상압수두증을 보이는 '피질하 치매'의 경우, 초기에 벌써 보행이 느려지고 자세가 구부러지는 등 운동 장애가 흔히 나타난다. 이런 환자들은 종종 권태롭거나 우울한 인상을 준다.

DAT 환자들은 현기증, 두통, 불안감을 호소하고, 이름을 잘 잊거나 전반적인 기능 저하가 나타난다. 그러면 거의 드러나지 않게 환자들은 점점 건망증이 심해지고 언어가 빈약하고 모호해지고, 계산, 읽기, 쓰기에 문제가 생긴다. 이해력이 떨어지고, 한 가지 생각에 잡혀 벗어나지 못하기 때문에 대화 주제가 바뀌면 힘들어한다. 반면, 성격특성은 종종 오래도록 정상으로 유지되고, 사회적 관계도 잘 유지한다. 그래서 심지어 '사교성이 좋다'는 말도 듣는다. 질병이 진행될수록 경직된 자세, 불안증세, 두려움, 환각 등 다른 증상이 더해진다. 그리고 상황을 제대로 이해하고 해석할 수 없게 되면서 돌봐주는 사람에게조차 공격적 태도를 보인다.

진행 중인 치매를 확인하고 다른 뇌 질환을 배제시키는 방식으로 진단한다. 혈액수치는 정상이다. CT과 MRI에서 뇌조직의 퇴화, 특히 측두엽의 일부 대뇌피질의 퇴화가 확인된다. 척수액에서 특수 단백질이(아밀로이드 펩타이드 베타 42가 감소하고, 반대로 타우 프로테인과 인-타우 프로테인은 증가한다) 발견되는 것이 특징이다. 그러나 질병이 이미 많이 진행된 고령 환자라면 척수액 채취를 단행하지 않는다.

DAT의 원인은 불분명하다. 현미경으로 뇌 외부에서 무엇보다 베타 아밀로이드 같은 단백질 침전물, 이른바 플라크를 발견한다. 세포 내부에서 타우 프로테인으로 이루어진 가늘고 긴 줄이 보인다. 뇌의 면역 및 염증 과정이 질병에 기여한다. 그러므로 면역 과정을 억제하기 위한 백신접종 전략이 개발되었지만 지금까지 그다지 성공적이진 못하다.

이 질병은 뉴런을 연결하는 시냅스를 감소시킨다. 특히 신경전달물질 아세틸콜린을 이용하는 시냅스의 연결이 줄어든다. 이 지식이 치료에 이용된다. 아세틸콜린 해체를 막는 약물을 통해 이 신경전달물질의 공급을 높이는 것이다. 이 약물은 인지 기능 저하의 속도를 늦추지만, 질병의 근본 과정에는 영향을 미치지 못한다. 흥분 신경전달물질인 글루타메이트를 표적으로 하는 물질 그리고 앞에서 언급한 약물과 조합될 수 있는 다른 물질도 마찬가지다.

그러니까 원인을 없애는 알츠하이머 치료법은 지금까지 없지만, 예방 전략은 존재한다. 최근에 수많은 연구가 입증했듯이, 뇌졸중과 심근경색 같은 혈관 질환 위험을 높이는 거의 모든 요소들이 알츠하이머 치매의 위험요소이다. 고혈압, 당뇨, 높은 콜레스테롤 수치, 과체중, 흡연, '건강하지 못한' 식습관, 운동 부족 등등. 중년의 이런 위험요소는 노년의 치매, 특히 알츠하이머 치매를 예측하게 한다. 고혈압을 치료하면 알츠하이머 치매 위험도 감소한다. 치매 위험이 높은 노인들의 경우, 건강하게 먹고 운동을 많이 하고 인지 기능을 훈련하고 혈관 위험요소를 관리하면 인지 기능 저하가 예방될 수 있다.

따라서 언급된 위험요소를 초기에 밝혀내 치료하고, 비만을 피하고, 담배를 끊고, 과일과 채소가 많은 건강한 식단('지중해식단'의 모범을 따르면 가장 좋다)을 지키고, 꾸준히 운동하는 것이 중요하다. 그것은 뇌졸중뿐 아니라 치매를 예방하는 데도 도움이 된다. 신체 활동이 근육과 심혈관계에만 유용한 것이 아니라, 정신 능력도 향상한다는 것은 정말 매혹적인 발견이다. 모두가 유용하게 활용해야 할 지식이다.

. . . . .

치매 – 수많은 원인을 가진 증후군

　DAT 이외에 치매와 동반하여 뇌 기능을 저하시키는 신경퇴행성 질환이 있다. 전두측두엽 치매. 이때 전두엽과 측두엽이 특히 손상되기 때문에 이런 이름이 붙여졌다. DAT의 경우 성격특성이 오랫동안 잘 유지되는 반면, 전두측두엽 치매는 초기부터 성격특성이 바뀐다. 환자는 사회규범이나 매너를 지키지 않고, 과도하게 충동적이고 성급하게 반응하거나 수동적이고 느리고 권태로워진다. 다른 사람의 입장이 되어 생각할 줄 모르고, 괴팍해지고, 자신을 방치하고, 사회적 관계를 멀리한다. 환자들은 대부분 이런 장애를 스스로 인지하지 못하기 때문에 진료 때 가족과 면담하는 것이 특히 중요하다. 환자는 씹기, 상체 흔들기, 폭식, 물건 입에 넣기 등, 반복되는 동작패턴을 보일 수 있다. 기억력과 방향감각은 오랫동안 잘 유지된다. 전두측두엽 치매 가운데 언어 장애가 두드러지는 변형도 있다. 그러면 환자는 올바른 단어를 찾지 못하고, 사물의 이름을 정확히 부르지 못하고, 말하기가 힘들어 보이고, 문장구조가 엉망이고, 언어 이해력도 떨어진다.

루이소체Lewy body 치매는 전두측두엽 치매보다 더 빈번하다. 환자의 정신 능력이 크게 변동하는 것이 특징이다. 정신이 맑은 순간과 흐린 순간이 번갈아 나타난다. 대표적 특징이 환각인데, 종종 위협적인 환각을 보기도 하고 사람이나 동물이 뒤섞인 복잡한 장면을 보기도 한다. 정서적으로 동감하기 힘든 망상에 빠지기도 한다. 기억력은 초기에 거의 영향을 받지 않고, 방향감각과 주도성이 크게 손상된다. 이 질병의 이름은, 파킨슨병에서도 발견되는 신경세포의 루이소체에서 왔다. 그러나 파킨슨병의 경우, 루이소체가 치매만큼 뇌에 넓게 퍼져있지는 않다. 루이소체 치매의 경우, 운동 제한과 근육 경직 같은 파킨슨병 증상은 인지 장애 증상 뒤에야 비로소 나타난다. 알츠하이머 치매에 처방되는 파킨슨병 약과 수단이 루이소체 치매에도 도움이 될 수 있다.

혈류장애로 생기는 혈관성 치매는 DAT 다음으로 가장 빈번하다. DAT와 혈관성 치매의 혼합 역시 널리 퍼져있다. 혈관 위험요소는 앞에서 설명했듯이 DAT 위험요소이기도 하다. 혈관성 치매는 주로 작은 혈관의 혈류 장애로 생긴다. 이것은 이른바 열공성lacunae 뇌경색 또는 광범위한 골수 손상과 뇌의 연결 경로 손상 또는 둘의 조합으로 이어진다. 여기서 가장 중요한 위험 요소는 고혈압이다. 가령 뇌 깊숙한 곳에 있는 시상의 양측면처럼 매우 중요한 자리일 경우, 아주 작은 경색으로도 혈관성 치매가 생길 수 있다. 심장이나 목 부분에 있는 대동맥의 색전에 의한 다발성 피질 경색으로 인지 장애를 유발하는 혈관성 치매는 드물다.

뇌 혈관의 유전성 치매는 더 드물다. 이 질병은 전형적으로 조용히 서서히 진행되지만, 배우자의 죽음 같은 외적 사건이 '넛지'로 작용하여 악화된다. 집중력과 단기 기억력이 약해지는 반면, 옛날 기억은 그대로 유지된다. 새로운 것을 잘 받아들이지 못하고, 변화하는 상황에 적응하지 못하며, 예측 능력이 떨어진다. 그러나 일상적 작업은 대개 아무 문제가 없다. 우울한 소식에 매우 격하게 반응하고, 눈물을 참지 못한다. 감정이 빠르게 오르내리지만, 전반적으로 감정이 무뎌진다. 우울해지거나 불쾌해지고, 신경이 날카로워지고, 평정심을 잃고, 인색해지거나 횡포해진다. 질질 끄는 듯한 좁은 보폭의 불안한 보행이 전형적이다. 편마비 같은, 뇌졸중에 의한 제한적 신경 장애가 추가될 수 있다. 이런 치매 형식은 혈압 관리, 충분한 운동, 건강한 식습관, 당뇨병 환자의 경우 혈당 조절, 취미생활, 대화, 여러 사회활동이 있는 활기찬 생활을 통해 잘 예방될 수 있다. 단, 이런 예방책이 효과를 보려면 늦지 않게 시작해야 한다.

치매 환자는 특별한 돌봄이 필요하다

치매 환자는 질병의 특성과 규모에 따라 특별히 세심한 돌봄이 필요하다. 환자는 주변 환경이 익숙한 집에서 가장 편안해한다. 병원 입원 같은 변화는 상당한 부담이 될 수 있으므로 가능한 한 피해야 한다. 병원에 입원해야 할 경우라면, 환자에게 익숙한 물건, 그림, 가족사진, 좋아하는 음악으로 낯선 병실을 익숙하게 꾸며 쉽게 적응할 수 있게 하면 좋다. 우리 병원에는, 인형, 단순한 놀잇감, 손으로 만질 수 있는 다양한 천이나 물건이 들어 있는 이른바 '치매 상자'가 있다. 그러나 이런 것들이 집에서 가져온 익숙한 물건들을 대체할 수는 없다.

집에서도 특히 밤에 종종 문제가 발생할 수 있다. 환자가 수면 장애로 인해 밤에 활동적이고 아침에 피곤해져서 밤낮의 리듬이 보통 사람들과 반대로 바뀔 수 있다. 그러면 낮에 많은 활동을 하고 긴 낮잠을 피하는 것이 좋다. 혼동과 방향감각 상실에 대비하여 밤에는 미등을 켜두는 것이 좋다.

가족에게는 치매 환자를 돌보는 일이 매우 큰 부담일 수 있고, 그들이 감당할 수 없는 한계에 도달할 수 있다. 그러면 환자를 돌봐야 할 그들이 오히려 도움이 필요해질 수 있다. 그러므로 치매 환자 가족모임에서 서로 경험을 교환하고 문제를 논의하는 것이 유익하다. 모임 참석자들은 치매 환자를 돌볼 때 중요한 규직과 대화 전략을 배운다. 예를 들어, 환자에게 맞서지 않고 이해심을 보여주고, 관심을 딴 데로 돌리고, 잘못된 길이나 혼동된 견해에서 부드럽게 끌어내는 것이 갈등을 피하는 데 도움이 된다. 환자의 일과는 명확한 구조로 잘 짜여져야 한다. 신체적 정신적 활동과 과제들이 한눈에 총괄될 수 있고 환자의 능력과 잘 맞아야 한다. 과도한 부담과 좌절을 주는 경험은 피해야 한다. 그러므로 기억력 훈련이나 인지 훈련은 치매 초기 단계에서만 도움이 된다. 다른 한편, 환자들에게 너무 쉬운 과제만 줘서는 안 되고, 대화와 사회적 접촉을 지속하게 하고, 흥미를 자극할 수 있게 일과를 구성해야 하고, 환자가 해낼 수 있는 과제를 제공해야 한다.

질병 진행 단계에서 돌봄의 필요성이 커지면, 돌봄 방문서비스를 이용할 수 있다. 집에서 돌보는 것이 불가능해지면, 돌보는 가족이 지치기 전에 시설로 옮겨야 한다. 고전적 요양시설 이외에 치매-공동주택 같은 개방적 주거형식도 생각해볼 수 있다. 그곳에서는 여러 치매 환자들이 주택 하나를 공유한다. 그들은 각자 자기 방을 가졌고, 자기에게 친숙한 환경으로 방을 꾸밀 수 있다. 부엌이나 거실 같은 공동 공간을 같이 쓴다. 자격증이 있는 보호사가 거주민을 돌보고, 가족들은 상황에 따라 돌봄에 참여할 수 있고, 공동주택 생활에 참여하여 책임을 맡을 수도 있다. 이런 기획은 치매 환자가 더 오래 자기 결정적으로 살아갈 수 있도록 한다.

그러므로 치매 진단이 곧 세상의 종말이 아니다. 우선, 치료가 잘 되는 치매도 더러 있다. 프랑크 씨는 예를 들어 정상압수두증을 수술로 치료하기로 결정했고, 그것으로 보행 및 방광 장애가 개선되었고, 인지 문제는 장기간에 걸쳐 적어도 더 나빠지지는 않았다. 신경퇴행성 또는 혈관성 치매를 앓는 사람들의 경우, 비록 치료 전망이 좋은 치료법은 없지만, 적어도 점진적으로 도움이 되는 약물이 있다. 가족과 함께 이 상황을 받아들일 수 있다면, 대부분 잘 관리하며 살아갈 수 있다.

그리고 명심하자. 젊은 시절에 그리고 중년기에 정신적 육체적으로 활동적인 삶을 살면, 치매를 효과적으로 예방할 수 있다. 물론 나도 내 몸을 내 맘대로 할 수 없을 때가 많다고 고백할 수밖에 없지만 말이다. 우리는 유전자의 힘을 완전히 극복할 수는 없다. 그러나 치매 유전자를 가졌더라도 예방책들이 도움이 된다. 그러므로 당신은 지금 아주 올바른 행동을 하고 있는 것이다. 당신은 이 책을 읽고 그 내용을 성실히 실천할 것이다. 우리는 함께 치매 예방을 실천한다. 나는 작가로서, 당신은 독자로서. 이제 잠시 운동을 나가면 어떨까?

천의 얼굴을 가진

질병

"교수님, 우리 병원에서 실습 중인 브레히트 학생이 밖에 와 있습니다. 교수님을 뵙고 싶다네요. 몸이 안 좋은 것 같습니다. 잠시 시간 내실 수 있을까요?"

젊은 실습생이 한쪽 눈을 찡그리며 방으로 들어섰다. 미소를 지으려 애쓰면서. "금요일 저녁까지도 아무렇지 않았어요. 계속 여기 병동에서 일했고요. 그런데 토요일 아침부터 모든 것이 흐릿하게 이중으로 겹쳐 보여요. 좋아지겠거니 했는데, 오늘 아침까지 좋아지기는커녕 더 나빠졌어요. 애꾸눈 선장처럼 한쪽 눈으로라도 볼 수 있으면 좋겠어요."

"양쪽 눈 모두 잠깐만 떠 주시겠어요?"

"그러죠. 앞만 똑바로 보면 괜찮아요. 하지만 지금처럼 아주 조금만 오른쪽으로 돌려도 곧장 모든 것이 흐릿해져요." 오른쪽을 볼 때 왼쪽 눈동자가 가운데까지만 이동하고 멈췄다. 반면 오른쪽 눈동자는 재빨리 옆으로 점프했다가 계속 움찍움찍 왔다 갔다 이동했다. 왼쪽 또는 위아래를 볼 때는 모든 것이 정상이다. "갑자기 왜 이러는 걸까요? 통증은 전혀 없어요."

"두 눈이 제대로 협력을 못하네요. 예전에도 이랬던 적이 있나요?"

"없어요. 늘 시력이 좋았어요. 안경도 안 써요."

"그럼 다른 신경계 장애는요?"

"없어요. 20년을 살면서 아팠던 적이 한 번도 없어요."

"그렇군요. 하지만 좀 더 자세히 물을게요. 혹시 배뇨에 어려움을 겪었던 적이 있나요?"

"없어요, 전혀요."

"손놀림이 서툴렀던 적은요? 아니면 불안한 걸음걸이는? 팔다리에 힘이 빠졌던 적은? 말이 어눌해진 적은요?"

실습생은 모든 질문에 긴 금발을 찰랑이며 고개를 저었다.

"무감각, 가려움증 또는 다른 신체의 감각 이상은요?"

"없어요. ... 음... 잠시만요. 있었던 것 같아요. 몇 달 전에 오른쪽 팔뚝에 마치 압박붕대를 감은 것 같은 기분이 들었어요. 소매가 꽉 끼는 재킷을 입은 것처럼 갑갑했고, 이따금 팔뚝이 가려웠어요. 하지만 며칠 뒤에 다시 괜찮아졌어요. 다만, 오른쪽 팔뚝에 약간 무감각한 부위가 조금 남았어요. 하지만 전혀 불편하지 않았어요." 실습생이 잠시 멈췄다가 덧붙인다. "교수님이 자세히 좀 봐주세요. 심각한 건가요?"

"아닙니다. 걱정하지 마세요. 우선 검사를 좀 해봐야겠어요. 이쪽 옆으로 오세요." 나는 말했고, 안타까운 표정을 감추지 못한 것에 화가 났다.

나는 환자의 머리를 천천히 조심스럽게 앞으로 기울였다. "기분이 이상해요. 한 번 더 해보세요." 실습생이 말한다.

"불편한가요?"

"약간요. 약간 찌릿해요. 짧고 약하게 감전된 것처럼. 찌릿-찌릿한 느낌이 날갯죽지 사이를 통과해서 아래로 흘러요. 팔뚝에 압박붕대를 느꼈을 때도 이랬어요. 하지만 아주 짧았어요."

팔과 다리의 신경은 정상이고, 이른바 복부 피부 반사만이 이상하게 약했다. 검사 전에, 약간 간지러울 거라고 경고한 뒤 작은 나무막대로 배를 간질였다. 건강한 사람이라면 이때 복부근육이 세게 수축하고, 자극이 반복되면 서서히 근육 수축이 약해진다. 그러나 브레히트 씨는 복부 피부 반사가 거의 일어나지 않았다.

"무슨 병이에요?" 우리가 다시 책상에 앉았을 때 실습생이 묻는다.

"중추신경계에 염증이 있어요."

"그러면 이런 시각 장애가 올 수 있나요? 무슨 염증인데 그래요?"

"이제부터 자세히 알아봐야죠. 입원하시는 게 좋겠어요. 먼저 MRI로 머리를 찍고 나중에 척수도 봐야 해요. 그리고 척수액을 검사해야 하니 요추천자를 진행할 겁니다. 어떻게 하는 건지, 실습 때 봐서 알죠?"

"의대생으로 신경학을 배우고 싶었지 환자로서는 아니에요. 이건 계획에 없었는데. 나는 환자를 돌보고 싶지 환자로 돌봄을 받고 싶진 않다고요. 얼마나 입원을 해야 할까요? 부모님과 남자친구에게도 알려야 하잖아요."

"결과가 나올 때까지 기다려봅시다. 치료를 시작해야 하잖아요. 가능한 한 빨리 시각 장애를 없애야 하지 않겠어요? 그렇죠?"

오후 회진 때 MRI 사진이 벌써 나왔다. "브레히트 씨, 여기 MRI 사진이 있어요. 정말로 뇌에 염증이 있는 것 같군요. 신경 해부학 수업을 들었나요?"

"아니요, 이제 겨우 첫 학기인걸요. 물리학, 화학, 생물학 강의를 들었고 의학용어들을 배웠고 해부학은 근육과 뼈에 대해서만 배웠어요. 뇌에 대해서는 아는 게 없어요."

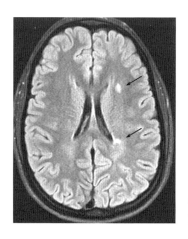

그림 16 : 다발성경화증 환자의 MRI에 나타난 염증 부위 두 곳

"자, 보세요. 여기가 두개골이고 가운데가 이른바 뇌실이라는 뇌척수액 생산공장이에요. 좌뇌실 뒤쪽 가장자리에 밝은 점이 하나 보이고, 좌뇌실 앞쪽에서 약간 떨어진 곳에 두 번째 점이 보입니다. 더 오래된 염증처럼 보이네요그림 16. 더 오래되었다고 말하는 이유는, 여기 다른 사진들에서 보면, 조영제를 넣었을 때와 넣지 않았을 때 두 번 모두 어둡게 보였기 때문이에요. 그러니까 조영제를 흡수하지 않았다는 얘기죠. 그다음 아래 뇌줄기 쪽으로 가봅시다. 여기가 중뇌에요. 더 아래로 내려가면 다리뇌가 있어요. 여기 가운데에 작은 밝은 점이 있는데, 우리는 이것을 '병소'라고 하고, 이것은 조영제도 흡수했네요. 이 병소 때문에 사물이 이중으로 겹쳐 보이는 것입니다. '중간종다발'이라고 불리는 경로가 정확히 이곳을 지납니다. 이 경로가, 왼쪽 눈동자를 안쪽으로 움직이는 신경핵과 오른쪽 눈동자를 바깥으로 당기는 신경핵을 연결합니다그림 17. 이 움직임은 아주 세밀하게 조절되어야만 해요. 안 그러면 이중으로 겹쳐 보입니다."

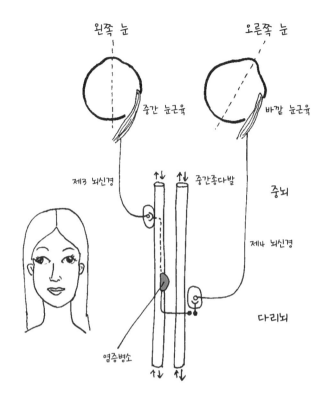

그림 17 : 작은 원인, 큰 결과

뇌줄기에 있는 염증병소는 양쪽 눈의 근육 연결을 방해한다.

"이렇게 작은 염증이 그런 큰 장애를 일으킬 수 있어요?"

"그럼요. MRI에 나타나지 않을 정도로 더 작은 병소로도 충분해요. 신경과 의사들은 그럼에도 이 경로 어딘가에 손상이 있음을 알아요. 그리고 더 아래에, 뇌줄기가 척수 안으로 넘어가는 그곳에 더 오래된 염증이 하나 더 보입니다. 그것 때문에 몇 달 전에 팔에 이상 감각이 있었고, 목을 구부릴 때 감전된 것처럼 찌릿한 느낌이 있는 겁니다."

"찌릿한 느낌이 흔한 현상인가요? 크게 신경 쓰지 않았거든요."

"네. 위쪽 척수에 염증이 있을 때 흔히 나타나는 현상이고, 그것을 처음 발견한 사람의 이름을 따서 '레미떼Lhermitte 징후'라고 부릅니다."

"그럼 이미 오래전에 머리에 염증이 있었고, 사실은 20년 동안 아픈 적이 없던 건 아니네요. 다시 없어지나요?"

"곧 좋아질 것이고 분명 치료가 도움이 될 거예요. 당장 내일 아침에 척수액을 검사할 것이고, 그러면 더 많은 걸 알게 됩니다."

"병동에서 실습한 지 일주일이 되었어요. 거기서 베르거 씨를 만났는데, 그분도 뇌에 염증이 있었는데, 제 염증은 그분과는 다른 거죠?"

"네, 베르거 씨는 뇌막염이었어요. 뇌막에 염증이 있었고 두통이 주요 증상이죠. 브레히트 씨는 뇌조직에 염증이 있고, 그것은 좀 다릅니다."

"지금까지 요추천자를 두 번 봤는데, 내가 그런 걸 하게 될 줄은 생각지도 못했어요. 그런데 이제 그걸 곧 하겠다니! 신경학을 이런 식으로 자세히 알고 싶진 않았는데 말이죠."

"요추천자가 그렇게 끔찍한 일이 아니라는 건 적어도 확인하셨겠군요."

"네, 맞아요. 두 환자 모두 생각했던 것만큼 그렇게 힘들지 않았다고 했어요."

다음날 회진 때 브레히트 씨는 요추천자 후 여전히 침대에 힘 없이 누워있다.

"어떠세요? 요추천자는 어땠어요?"

"레지던트 선생님이 아주 잘 해주셨어요. 국소 마취 주사가 제일 아팠어요. 다만, 주사바늘도 이중 이미지를 없애진 못했네요. 바늘로 찔러 병을 낫게 하는 마법이 때때로 통하면 아주 좋을 텐데 말이죠."

"이중 이미지는 곧 좋아질 겁니다. 분석실에서 벌써 첫 번째 결과가 나왔어요. 마이크로리터당 백혈구가 열두 개나 있어요. 너무 많아요. 최대 네 개가 정상입니다."

"베르거 씨는 지난주에 마이크로미터당 2500개였어요. 그것에 비하면 나는 새발의 피네요."

"네, 브레히트 씨는 염증이 그렇게 심하지 않아요. 아주 가벼운 염증이지만, 대신에 오래된 염증이죠. 척수액의 단백질 검사도 그것을 뒷받침합니다. 브레히트 씨의 경우 항체, 이른바 면역글로불린 G가 척수액에 너무 많아요. 그것은 만성 염증을 뜻합니다."

"그럼 이제 뭘 해야 하죠? 치료법이 있는 거 맞죠?" 젊은 환자는 의연한 척했지만, 양손으로 침대시트를 꼭 움켜쥐었고 얼굴에는 긴장의 기색이 역력하다. '오래된 염증'과 '만성'이라는 단어들이 확실히 불안하게 한 것 같다. '몸 안에 뭔가가 있고, 그것은 이미 오래전부터 있었고, 기침이나 콧물은 없고, 금세 다시 사라질 것이다.' 브레히트 씨는 직관적으로 그렇게 이해하는 것 같다.

"당연히 좋은 치료법이 있죠. 지금 당장 시작하기를 권합니다. 겹쳐 보이게 하는 염증을 우리는 코르티손 주사로 치료할 겁니다. 동의하시죠?"

"당연하죠, 도움이 된다면요. 하지만 코르티손은 몸에 해롭지 않나요?"

"단기간에 고용량으로 투약하고자 합니다. 골소실, 골다공증 같은 부작용은 걱정하지 않으셔도 됩니다."

"그런데 무슨 염증인가요? 벌써 알고 계세요?"

"이따 오후에 다시 들러서 우리가 무엇을 추측하는지 상세히 설명해드려도 될까요? 아직 감각신경과 시신경 검사가 남았어요. 모든 검사가 끝나면 결과를 말씀드릴 수 있어요. 이제 바로 코르티손 주사를 시작합시다. 오후에 부모님이 옆에 있기를 원하세요?"

"아니에요. 우선 혼자 먼저 들을게요."

오후에 병실로 가니, 침대 옆 협탁에 신경과학 책이 놓여있고 브레히트 씨는 한쪽 눈에 안대를 하고 다른 한쪽 눈으로 노트북을 보고있었다. "구글 박사에게 벌써 물었고 온갖 정보를 찾았어요. 나의 이중 이미지는 '핵간안근마비'에서 비롯되었어요, 맞나요?" 브레히트 씨가 내게 노트북 모니터를 보여준다. 거기에 그림 17(203쪽)과 비슷한 그림이 있다.

"맞아요. 연구를 제대로 하셨네요. 두 뇌신경핵 사이의 연결 장애를 그렇게 부릅니다."

"내 병명을 이제 나도 아는 것 같아요. 하지만 먼저 교수님한테 듣고 싶어요."

"네, 고맙습니다. 이제 좀 앉을게요. 자, 브레히트 씨는 두 번의 장애가 있었어요. 뇌와 척수의 염증에서 비롯된 장애였죠. 처음에 팔뚝에 압박붕대를 감은 듯한 감각 장애가 있었고, 이제 이 질병 때문에 사물이 이중으로 겹쳐 보입니다. 뇌 MRI에서 또 다른 염증병소 두 개를 발견했고요. 그것이 언젠가 생겼지만 아무것도 느끼지 못하고 지나갔죠. 젊은 사람들에게 그런 증상을 일으키는 가장 흔한 질병을 의학 전문용어로 'Enzephalomyelitis disseminata'라고 합니다. 의학용어를 야간 아시죠? 이것은 뇌와 척수의 여러 곳에 염증이 있다는 뜻입니다."

"일반인은 그냥 다발성경화증이라고 부르죠, 그렇죠? 그것은 아주 심각한 질병이에요. 곧 휠체어를 타게 되겠군요. 친구 어머니가 그 병이었어요. 그래서 잘 알아요."

브레히트 씨가 바닥을 보았고 눈물을 숨기려 눈을 감았다. 나도 모르게 젊은 환자의 어깨에 손을 올렸다.

"알아요, 지금 모든 것이 충격적이란 걸. 당연히 좋은 소식이 아니에요. 하지만 나는 뭔가 더 나은 얘기를 하고 싶어요. 이 병에 걸렸다고 곧 휠체어에 앉을 거라는 생각은, 다행히 틀렸어요. 아주 가볍고 재발도 드물고 영구적인 장애도 없는 사례가 많이 있어요. 특히 25년 전부터 우리는 이 병의 좋은 치료법을 가졌고, 계속해서 새로운 개선된 치료법이 추가됩니다. 그래서 치료 전망이 점점 더 좋아져요. 브레히트 씨는 좋은 의사가 될 것이고, 많은 환자를 도울 수 있고, 질병을 잘 다스릴 겁니다."

"그 말씀은 내가 이 병에서 완전히 벗어날 수 없다는 거네요?"

"너무 성급하게 앞서가고 있어요. 말했듯이, 다발성경화증은 그런 증상을 만드는 가장 흔한 병이고 브레히트 씨의 증상과 검사결과가 이 질병과 아주 잘 맞아요. 하지만 우리는 먼저 다발성경화증을 흉내낼 수 있는 몇몇 다른 질병일 가능성은 없는지 확인해야 해요. 며칠 뒤에 결과가 나올 겁니다. 그러나 만약 다발성경화증이라면, 애석하게도 브레히트 씨 말이 맞아요. 그러면 우리는 이 병을 완전히 치료할 수는 없어요. 하지만 우리에게는 염증을 누그러트릴 좋은 약이 있고, 오늘날 치료 전망도 정말로 아주 좋아졌어요." 브레히트 씨의 시선이 여전히 회의적이지만, 대화 뒤에 다시 약간 희망적으로 바뀌었다.

. . . . .

다발성경화증 – 그게 뭘까?

다발성경화증. 젊은 사람이 갑자기 걸릴 수 있는 이 병은 도대체 어떤 병일? 다발성경화증은 아주 다양한 증상을 보이는 중추신경계 만성질환이다. 대다수 환자의 경우 이 질병은 재발 과정을 거쳐 진행된다. 즉, 증상이 나타났다가 다시 사라지고(처음에는 대개 완전히 사라지고 나중에는 종종 일부만), 그다음 나중에 동일한 또는 다른 형태로 다시 나타난다. 질병의 후기 단계에서는 이런 재발 과정이 점진적 악화로 바뀔 수 있고, 그러면 그것을 2차 만성진행성 다발성경화증이라고 부른다.

환자의 약 10~20퍼센트에서는 1차 만성진행성 다발성경화증이 서서히 시작된다. 염증이 중추신경계의 다양한 자리에서 생길 수 있기 때문에 아주 많은 증상이 가능하고, 그래서 다발성경화증을 '천의 얼굴을 가진 질병'이라 부르기도 한다. 가장 흔한 증상은 브레히트 씨처럼 감각 장애, 근육 약화, 그리고 불안하거나 경직된 걸음걸이 또는 물건을 헛집는 동작 협응력 장애이다. 눈 뒤의 시신경 염증으로 인해 안개나 베일에 가려진 것 같거나 브레히트 씨가 현재 겪고 있는 것처럼 이중으로 겹쳐보이는 시각 장애도 전형적이다. 배출 욕구가 급격히 강해져서 때때로 환자가 변기에 도달하기 전에 배출되는 배뇨 장애가 있을 수 있다. 통증, 강한 정신적 신체적 피로, 정신 능력의 제한은 적어도 초기에는 드물다. 환자마다 그리고 질병의 진행 과정에서 증상이 매우 다르게 나타난다.

재발의 경우, 기본적으로 증상이 며칠에 걸쳐 천천히 발달하고 수일에서 수주에 걸쳐 다시 사라진다. 다발성경화증의 경우 열이나 감염이 증상을 악화시키고 재발을 모방할 수 있지만, 실제로 재발을 유발하기도 한다. 짧은 경련이나 통증 같은 일시적 증상도 있을 수 있는데, 이것이 24시간 이상 지속되면 재발로 간주한다.

재발은 코르티손 고용량으로 치료한다. 대개는 먼저 하루 1그램씩 3일에서 5일에 걸쳐 처방하고, 그것으로 충분치 않으면, 즉시 매일 2그램씩 처방한다. 그다음에도 증상이 완화되지 않으면 혈장교환법이 5~7일에 걸쳐 진행된다. 그러면 대개 증상이 완화된다.

코르티손을 주입한 지 3일이 되었을 때, 브레히트 씨가 말한다. "이제 많이 나았어요. 눈을 거의 찡그리지 않아요. 그것만으로도 너무 기뻐요." 그러나 눈 검사에서 브레히트 씨는 계속 이중 이미지가 보인다고 했고, 그래서 우리는 치료를 이틀 더 계속 이어가기로 합의했다.

"아시다시피 어제 시신경을 검사했어요. 모니터 앞에 앉아서, 체스판 무늬가 계속해서 형태를 바꾸는 동안 한 점을 집중해서 봐야 했던 검사 기억나시죠? 검정 필드는 흰색이 되고, 흰색 필드는 검은색으로 계속 바뀌었죠. 시각유발전위(Visual Evoked Potential, VEP)라는 검사입니다. 그것으로 시각 경로의 전도 시간을 측정합니다. 결과는 좋았어요. 시신경에는 아무 문제가 없습니다. 문제는 두 눈의 협응력이에요.

그다음 감각신경을 약한 전류로 자극하여 척수와 뇌의 반응을 유도했어요. 그때 다리와 왼팔은 완전히 정상이었습니다. 오른팔을 자극할 때만 반응이 지연되었어요. 이미 문제가 있었던 바로 그 팔이죠. 그러나 그것은 또한, 증상이 없었던 척수에서는 다른 병소가 발견되지 않았다는 뜻이기도 합니다.

척수의 MRI 역시 경추 상부에서 한 가지 병소만 보여주었어요. 첫날에 이미 얘기했던 병소죠. 그러니까 좋은 소식이에요."

"불행 중 다행이다, 뭐 그런 건가요?" 브레히트 씨가 물었다.

"그렇죠, 신경계에 이미 염증병소가 있다면, 가능한 한 작은 게 좋죠."

다발성경화증 진단은 어떻게 내릴까?

다발성경화증은 개별 증상이나 검사결과를 기반으로 진단할 수 없다. 검사결과들을 종합했을 때 비로소 진단을 확정할 수 있다. 중추신경계에서 질병이 공간 및 시간적으로 확산하는 증거가 있어야 한다. 브레히트 씨의 경우처럼, 서로 다른 증상으로 다른 시기에 두 번의 재발이면 다발성경화증으로 진단할 수 있다.

다만, 다발성경화증으로 보일 수 있는 다른 질병이 있지는 않은지 확인해야 한다. 그러나 단지 한 번 재발했거나 두 번의 재발이 같은 증상을 보였더라도, 오늘날 과학적으로 잘 입증된 기준(맥도널드진단기준)에 따라 일찍 진단을 내릴 수 있다. 공간적 확산을 확정하려면, 신경에서 두 번째 병변의 힌트가 있거나, 전형적으로 영향을 받는 뇌 또는 척수의 다섯 부위 가운데 최소한 두 부위에서 병소가 확인되어야 한다.

급성 염증의 신호로 조영제를 흡수하는 병소뿐 아니라, 그렇지 않은 병소도 MRI에서 발견된다면, 시간적 확산을 확정할 수 있다. 특정 MRI 검사(T1 가중 시퀀스)에서 어두웠던 병소가 밝게 바뀌면, 조영제를 흡수했다는 것을 뜻한다. 나중의 MRI에서 새로운 병소가 발견되거나 척수액에서 이른바 올리고클론 밴드가 발견되면, 이것 역시 시간적 확산의 증거이다. 올리고클론 밴드는 개별 림프구(백혈구)가 만성적으로 활성된 상태임을 보여주는 항체 집단이다. 진단을 일찍 내리는 것은 중요하다. 치료를 빨리 시작할수록 명확히 환자에게 좋기 때문이다. 시간적 확산의 조건이 아직 충족되지 않았으면, '임상적으로 고립된 증후군'이라고 부르는데, 이런 조기 단계에서도 미리 치료를 시작할 수 있고, 시작하는 것이 좋다.

뇌졸중과 전혀 다르게 다발성경화증은 젊은 사람의 질병이다. 이 병은 기본적으로 20대에서 40대 사이에 나타나지만, 아동기에도 벌써 나타날 수 있다. 여성이 남성보다 약 2~4배 더 많다. 독일에서 약 20만 명, 전 세계적으로 약 250만 명이 다발성경화증을 앓는다.

전 세계적으로 분포가 아주 특징적이다. 북반구뿐 아니라 남반구 역시 적도에 가까울수록 빈도가 준다. 다발성경화증이 빈번한 지역을 15세 이후에 떠난 사람들은 출신지의 위험을 그대로 유지한다. 다시 말해 그들은 여전히 다발성경화증 위험이 높다. 반면, 15세 이전에 떠났으면, 통계로 볼 때, 이주하여 산 그 지역의 위험 수준을 갖는다. 말하자면 이 질병은 발병 요인이 환경의 영향을 받는다는 뜻이다. 그러나 이 질병의 정확한 원인은 아직 밝혀지지 않았다. 그 외의 위험요인은 흡연, 햇빛 부족, 비타민 D 결핍이다. 그러나 비타민 D 복용이 치료 전망에 도움이 되는지는 아직 명확하지 않다.

유전적 요인들도 중요한 구실을 한다. 개별 가족에 따라 환경 영향으로 해명될 수 없는 수많은 사례가 있다. 부모가 다발성경화증이면, 자식들도 발병할 위험이 매우 높다. 일란성 쌍둥이는 유전자가 똑같고, 이란성 쌍둥이는 다른 형제들과 마찬가지로 서로 다르다. 그래서 쌍둥이 두 형제가 다발성경화증을 앓는 확률은 일란성 쌍둥이가(약 30퍼센트) 이란성 쌍둥이보다(5퍼센트 미만) 명확히 더 높다. 지역과 인종에 따라 발병의 빈도가 다른데, 예를 들어 적도에서 비슷하게 떨어져 있더라도 북유럽인이 북아메리카 인디언보다 발병 빈도가 더 높다. 현재 우리는 다발성경화증 위험에 영향을 미치는 유전자 변형을 200개 이상 알아냈고, 그것들은 주로 면역체계와 관련된 영역에 있다. 그럼에도 다발성경화증은 유전병이 아니고, 이런 유전자 발견은 지금까지 다발성경화증 진단에서 아무 역할도 하지 않는다. 그러나 다발성경화증은 후천적 환경요인뿐 아니라 유전적 요인도 복합적으로 영향을 미치는 질병이다.

· · · · ·

예방 치료가 중요하다

입원 4일차 회진 때 브레히트 씨가 말한다. "다시 잘 볼 수 있어요. 오늘 아침에 벌써 아무 문제 없이 두 시간이나 읽었어요. 다발성경화증에 대해서도 찾아봤고요. 내가 그 병인 게 이제 확실한 거죠?"

"중요한 검사는 거의 모두 마쳤어요. 진드기가 옮기는 보렐리아균과 다른 몇몇 병원체도 검사했고, 비타민 B12도 확인했고, 류머티스성 질병에 중요한 역할을 하는 몇몇 요인들도 살폈고요. 모든 검사가 정상이에요. 그러니 다른 질병일 가능성은 없다고 봐야겠네요."

"그렇다면 다발성경화증이네요?"

"네, 맞습니다. 재발성 다발성경화증입니다. 하지만 쓸 수 있는 치료법이 아주 많은 병입니다. 그것도 이미 읽었겠군요. 앞으로 몇 주 동안 다른 재발을 예방하기 위한 치료를 할 겁니다. 브레히트 씨가 쓸 수 있는 약물의 선택 폭이 아주 넓어요. 피하주사로 주입하는 약물도 있고 경구용 약도 있어요. 모두 재발과 악화를 확실히 낮춥니다."

"부작용이 있다면서요. 열이 나고 독감에 걸린 기분이 든다고."

"네, 베타 인터페론의 경우 그렇죠. 하지만 모든 환자가 이런 부작용을 보이는 건 아니고, 만약 부작용이 걱정되면 미리 해열제를 먹어도 됩니다. 그리고 이런 부작용이 거의 나타나지 않는 다른 약도 있어요."

"네, 그것도 벌써 읽었어요. 하지만 그러면 매일 주사를 맞아야 하잖아요. 물론 조금 더 드물게 맞는 사람도 있지만요. 나는 주사를 별로 좋아하지 않아요. 할아버지가 당뇨 환자신데, 인슐린 주사를 직접 놓으세요. 그렇게 아프지 않다는 걸 알지만, 나는 늘 그런 일이 내게 생기지 않기를 바랐어요. 그러니까 약을 먹는 게 좋겠어요. 예를 들어 건선 치료에 처음 사용되었던 약. 나에게 맞지 않을까요?"

"좋은 약이죠. 늘 효과가 괜찮았어요. 그 약을 처방한 거의 모든 환자가 무리 없이 약을 잘 소화했어요. 연구를 아주 잘하셨네요. 그렇더라도 심사숙고할 수 있도록 여기 안내책자들을 두고 갈게요. 독일 다발성경화증 협회 소책자도 있어요. 도움이 많이 될 겁니다. 내일 마지막으로 코르티손 주사를 맞으면 퇴원하실 수 있습니다. 이제부터는 동네 신경과 병원에서 관리를 받으셔야 합니다. 현재 선택한 약은 정기적으로 검사를 받아야 해요. 특히 혈액검사를 꼭 해야 합니다."

"알겠어요. 신경과 병원을 찾아보죠. 이곳 레지던트 선생님 같은 의사를 만나면 좋겠네요. 그리고 이곳에서 실습을 계속하는 건 무리일까요?"

"정말 대단하시네요. 실습을 금지할 생각은 없어요. 하지만 지금은 일주일 정도 쉬는 게 좋겠어요. 그러니까 모레쯤에 다시 여기 병실에 서 있으면 안 됩니다. 지금은 신경 질환과 약간 거리를 두는 것이 더 좋을 겁니다."

"여쭙고 싶은 게 몇 가지 더 있어요. 혹시 오늘 오후에 다시 시간을 내주실 수 있나요?"

　다발성경화증이면 뇌와 척수에서는 무슨 일이 벌어질까? 뉴런이 가지를 뻗듯 축삭을 뇌 깊숙한 곳과 다른 뉴런으로 보낸다는 것을 기억할 것이다. 뇌의 축삭은 팔다리의 신경섬유와 비슷하다. 그리고 축삭 역시 미엘린이라는 물질로 이루어진 절연층을 갖는다. **미엘린을 형성하는 세포를 '희소돌기아교세포'라고 한다.**

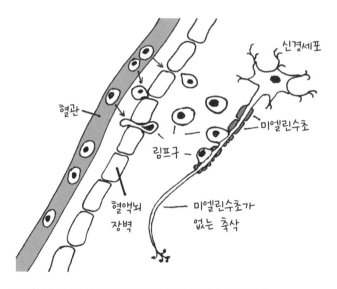

그림 18 : 다발성경화증에서 염증이 신경을 훼손한다
면역세포 림프구가 혈액에서 활성화되어 혈액뇌장벽을 넘어가, 신경세포의 축삭 주변 미엘린수초와 뇌의 다른 세포를 함께 파괴한다.

다발성경화증은 자가면역 질환으로 분류된다. 면역체계가 중추신경계의 자기 프로테인을 왜 공격하는지는 아직 완전히 해명되지 않았다. 바이러스나 병원체의 표면 성분이 뇌의 구성성분, 특히 미엘린의 구성성분과 유사하다는 점이 한 가능성으로 얘기된다.

다발성경화증의 경우, 혈관과 뇌를 분리하는 이른바 혈관뇌장벽을 T-림프구가 통과하는 일이 발생한다그림 18. T-림프구 뒤를 이어 다른 면역세포, 특히 대식세포가 뒤따른다. 염증반응이 주로 뇌의 작은 혈관, 더 정확히 말하면, 작은 정맥 주변에서 진행된다. 이 과정에서 미엘린수초가 훼손되면서 희소돌기아교세포까지 손상된다. 미엘린수초를 잃은 병소, 이른바 플라크가 생긴다. 이것 때문에 축삭의 전도가 느려진다.

다발성경화증 초기에는 질병 과정에서 점점 약해진 미엘린수초를 재건하는 일종의 플라크 수리과정이 나타난다. 그다음 단계에서 축삭의 손상이 증가한다. 백색질뿐 아니라 회색질, 즉 신경세포체까지도 염증이 생길 수 있다. 염증은 매우 다양하고, 다양한 질병 메커니즘이 다발성경화증에 기여할 수 있다.

치료 전망이 확실히 개선되었다

오후에 브레히트 씨가 퇴원 준비를 마치고 병실의 작은 책상에 앉아있다. "앞으로 어떤 일을 각오하고 있어야 하죠?"

나는 이런 질문을 받을 거라 예상했던 터라, 관련 내용을 특별히 다시 한번 확인하여 대답을 준비해 두었었다. "지금의 면역 치료가 아직 없었던 예전에는 환자들이 평균 약 15년 뒤에 한쪽에 목발을 짚었습니다. 다발성경화증의 평판은 늘 실제보다 훨씬 나빴죠. 이 질병은 곧바로 휠체어와 연결되었으니까요. 비록 완치는 아직 안 되더라도, 오늘날 치료 전망이 확실히 개선되었습니다. 환자의 단 10퍼센트 정도만이 약 20년 뒤에 이렇다 할 장애를 가졌습니다. 좋은 치료 전망을 확신해도 될 근거들이 아주 많습니다. 염증이 많이 발견되지 않았어요. 브레히트 씨의 경우, 겹쳐 보이는 현상이 아주 금세 사라졌잖아요. 낙관하서도 좋을 겁니다."

"나는 첼로를 연주해요. 첼로 선생님한테 들었는데, 재클린 뒤프레Jacqueline du Pré라는 첼로연주자가 있어요. 다발성경화증을 앓았고 첼로를 그만둬야 했고 정말 젊은 나이에 죽었어요. 겁이 나요."

"알아요. 재클린 뒤프레의 음반을 갖고 있고, 그녀의 남편 다니엘 바렌보임Daniel Barenbiom도 알아요. 슬픈 이야기죠. 하지만 다른 사례도 있어요. 메르켈 총리를 생각해보세요. 그녀는 수년 동안 앓고 있는 자신의 다발성경화증을 공개적으로 알렸고, 그럼에도 자신의 힘든 임무를 거뜬히 해냈습니다."

"네, 맞아요. 들었어요. 긍정적인 사례죠. 나는 첼로연주자가 아니라 의사가 되고 싶고 어쩌면 과학자도 되고 싶어요. 의사는 많이 걷고 오래 서 있어야 하고, 실험실에서는 손끝이 야무져야 해요. 이 병을 가지고도 그 모든 것이 괜찮을까요?"

"브레히트 씨는 평범하게 살아갈 수 있고, 직장에서 성공할 수 있고, 개인생활에서도 원하는 모든 일을 할 수 있어 보입니다만, 애석하게도 질병 과정을 완벽하게 예측할 수는 없어요."

"선생님의 '평범한 삶' 얘기가 맞으면 좋겠네요. 앞으로 뭘 조심해야 할까요?"

"심한 열기는 병을 악화하거나 재발을 유발할 수 있으니, 가능한 한 피해야 합니다. 하지만 어떤 다발성경화증 환자는 사우나를 하더라도 더 나빠지지 않아요. 담배와 과음은 나쁘지만, 브레히트 씨와는 크게 상관이 없고, 과도한 스트레스가 나쁜 영향을 줄 수 있지만, 이것 역시 환자마다 달라요. 그러니 그냥 편하게 지내세요. 즐겁게 열정적으로 공부하고, 졸업할 때 신경과 의사와 상의하세요."

"음식은요? 다발성경화증이 장박테리아와도 관련이 있다는 내용을 읽었어요."

"네, 최근 연구에 따르면, 뇌에 손상을 일으킬 수 있는 T-림프구 활성에 장박테리아가 중요한 역할을 합니다. 그러나 특정 음식이 도움이 된다는 확실한 발견은 없어요. 인터넷에 있는 여러 추천은 신뢰할만한 과학지식을 바탕으로 하지 않아요. 입에 맞는 걸 드세요. 신선한 과일과 채소가 듬뿍 들어간 균형잡힌 혼합식단이면 틀림없이 나쁘지 않을 겁니다. 과체중은 피하셔야 해요. 브레히트 씨의 경우 그것 역시 걱정하지 않아도 되겠네요."

실제로 다발성경화증 연구에서 최근에 많은 것이 달라졌다. 정상 T-림프구는 건강한 혈액뇌장벽을 넘어가지 않는다. 혈액뇌장벽을 통과하려면 먼저 활성화되어야 한다. 그러나 어떤 메커니즘이 T-세포의 그런 활성화를 유도하여, 자가면역 T-세포가 중추신경계의 자기 미엘린을 공격하게 한단 말인가?

중추신경계에서는 면역 감시가 일어나지 않는다고, 오랫동안 믿었었다. 그러나 오늘날 림프구의 하위 그룹이 감염 동안에 신체 어딘가에서 활성화되어 중추신경계로 진입한다는 것이 밝혀졌다. 중추신경계 조직을 공격하는 자가면역 T-세포 역시 그렇게 활성화될 수 있다. 대다수에게 이런 자가면역 T-세포가 있다. 이것은 일종의 수면 상태로 잠복해 있다가 장에서 박테리아와 접촉함으로써 활성화된다.

다발성경화증을 앓도록 유전자를 바꾼 쥐들의 경우, 평범한 '오염된' 환경에서 사육하면 이 질병이 나타나지만, 무균 상태에서 사육했을 때는 발병하지 않았다. 그러나 다른 동물의 장박테리아와 접촉시키면, 중추신경계에서 염증이 빠르게 불붙는다. 주로 장박테리아에 효과를 내는 항생제가 이 질병의 등장을 낮춘다. 이때 염증을 부추기는 박테리아를 줄이는 것뿐 아니라, 박테로이드 프라길리스Bacteroides fragilis 같은 보호하는 박테리아의 강화도 중요한 역할을 한다. 그러나 명심하자. 인간의 다발성경화증은 전염되지 않는다! 그리고 애석하게도 인간의 경우 지금까지 항생제도 아무 효과가 없었다.

장박테리아는 매우 복합적인 생태계를 이룬다. 1000경(0이 19개인 수)에서 1해(0이 20개인 수)에 달하는 박테리아균이 우리의 장에 서식하고, 종류가 1000종이 넘으며, 바이러스는 심지어 헤아릴 수조차 없다. 장의 여러 부위마다 박테리아의 구성이 확연히 다르고, 사람에 따라 명확히 다르며, 스트레스, 식습관, 항생제의 영향으로 바뀔 수 있다. 동시에 장에는, 염증성 또는 항염증성 환경을 구축할 수 있는 여러 다양한 방어세포를 가진 림프조직이 있다. 정확히 어떻게 장박테리아가 자가면역 T-세포를 활성화하는지는 아직 해명되지 않았다. 아무튼, 뇌와 장은 몇 년 전까지 생각했던 것보다 훨씬 강하게 서로 연결되어 있다. 이것을 '뇌-장 축'이라고 부른다. 장박테리아는 중추신경계의 면역세포에 다양한 방식으로 영향을 미칠 뿐 아니라, 또한 혈관뇌장벽의 투과성에도 영향을 미친다.

다발성경화증으로 다시 돌아가자. 다발성경화증 환자와 대조군의 대변에서 장 환경을 비교연구했지만, 지금까지 일치된 그림이 나오지 않았다. 사실 그것은 놀랄 일이 아닌데, 장박테리아는 장의 부위에 따라, 또한 개인에 따라 아주 다르기 때문이다. 막스플랑크연구소의 매우 우아한 연구가, 함께 자랐지만 한 명은 다발성경화증을 앓고 다른 한 명은 앓지 않는 일란성쌍둥이를 비교했다. 쌍둥이의 장 환경은 대체로 같았지만, 흥미로운 개별적 차이가 있었다. 특히 다발성경화증 환자의 장박테리아는, 다발성경화증을 앓지 않는 쌍둥이 형제의 장박테리아보다 명확히 더 자주, 무균 상태로 사육된 쥐에게 중추신경계 염증을 일으켰다. 장박테리아가 질병 발생에 중요한 역할을 할 수 있음을 보여주는 또 다른 증거이다. 그러나 장뿐 아니라 폐 역시 큰 의미를 가진다. 폐의 림프조직에서 자가면역 T-세포가 변신하여 혈액뇌장벽을 통과할 수 있는 능력을 갖춘다.

다발성경화증의 정확한 발병 원인은 여전히 어둠 속에 있지만, 근본적인 자가면역 메커니즘 연구는 경과를 조절하는 치료법을 개발하여 이미 큰 성공을 거두었다. 약 20년 전부터 우리는 면역체계를 조절하여 치료 전망을 명확히 개선하는 이른바 기본 지료제(가장 잘 알려진 것이 베타 인터페론이다)를 가졌다. 심각한 재발을 겪는 환자들에게는, 예를 들어 활성화된 T-림프구가 중추신경계로 진입하는 것을 방지하는 점점 더 강한 약물을 쓴다. 그러나 애석하게도 이런 약물은 부작용 역시 더 잦고 심해서, 면밀한 모니터링이 필요하다. 현대적 치료법 덕분에 다발성경화증의 치료 전망은 전체적으로 명확히 개선되었다.

그러나 다발성경화증 환자를 돌볼 때 주의해야 할 것이 많다. 환자는 정기적으로 신경 MRI를 통해 질병의 활동을 파악해야 한다. 이 질병은 삶의 질을 심하게 낮추고, 제 때에 발견하여 치료하지 않으면 위험한 증후군을 유발할 수 있다. 강한 피로감과 무기력, 이른바 피로 증후군이 여기에 속한다. 피로는 일상생활에서 큰 어려움을 유발할 수 있고, 일을 그만두는 흔한 원인이다. 수분부족이나 약물부작용 같은 악화 요인들을 알아차리고 없애는 것이 중요하다. 피로를 막는 데 도움이 되는 약물이 있다. 그러나 부담이 되지 않게 일상을 조정하고, 휴식을 계획에 넣고, 충분히 자야 한다.

다발성경화증 환자는 특히 자주 병원에서 진단을 받고 치료를 받아야 하는 우울증과 공포증을 앓는다. 이 질병이 많은 환자에게 두려움을 주는 것은 당연하다. 다음 재발이 언제 올까? 직장생활을 계속 할 수 있을까? 아이들이 다 클 때까지 내가 돌볼 수 있을까? 많은 환자가 걱정하는 당연한 질문들이다. 치료 전망의 통계 수치가 개선되었더라도, 이 질병에는 아직 불확실성이 아주 많이 남아있다. 이 질병의 진단은 초기에 언제나 두려움,

근심, 패배감을 일으킨다. 이 감정을 받아들이고 서서히 새로운 상황에 적응하고 다시 자신감을 얻는 것이 중요하다. 친구나 가족과 대화하는 것이 도움이 된다. 그러면 주변 사람들도 변화에 적응할 기회를 얻을 수 있다. 대화를 통해 질병의 끔찍한 첫인상을 상당부분 지울 수 있다. 환자들의 감각 장애나 피로 증상이 겉으로 드러나지 않는 것 역시 종종 환자들을 힘들게 한다. "아픈 티가 전혀 안 나네!" 그러므로 이런 증상에 대해서도 주변 사람들과 얘기해야 한다.

다발성경화증이 삶의 중심이 되지 않게 해야 한다. 그러므로 여가활동, 취미, 가족이나 친구들과 보내는 시간, 여행 등이 매우 중요하다. 모든 환자는 자신의 에너지 원천을 찾아야 하고 지원해야 한다. 병에 대한 근심이 또다른 질병으로 이어질 수 있다. 그러면 심리치료의 도움이 필요하고, 때때로 항우울제 치료도 필요하다. 적절한 지구력 훈련이 우울증뿐 아니라 피로에도 효과가 있을 수 있다. 배뇨 장애, 성기능 장애, 경직, 근육경련, 통증, 보행능력 제한, 정신능력 장애 등이 합병증으로 나타날 수 있다. 이 모든 합병증을 제 때에 발견하여 치료하거나 적응전략을 짜야 한다. 개인에게 맞춘 규칙적인 운동, 물리치료, 재활치료가 다발성경화증 치료의 중요한 요소이고, 작업치료 또는 개별 사례에서 언어치료도 매우 유용할 수 있다. 다발성경화증 환자의 경우 모든 측면에서 모니터링할 수 있도록 구조적 후속조치가 필요하지만, 지금까지 널리 도입되지 못했다.

"첼로를 연주하신다니, 볼프 본드라체크Wolf Wondratschek의 책 한 권을 추천하고 싶군요. 제목이 『마라Mara』입니다. 마라는 이탈리아 첼로인데, 수세기를 거치면서 많은 경험을 했고 배의 난파도 경험했어요. 그러나 그것은 결코 소멸하지 않고 지금도 여전히 콘서트홀을 아름다운 소리로 채웁니다."

"나도 지지 않을 거예요. 굳게 결심했어요." 작별하는 젊은 여대생의 눈빛이 이 말을 보장했다.

9

머릿속 악천후

"5분 뒤에 구급대가 도착합니다. 17세 여학생인데, 학교에서 갑자기 앞이 안 보인다고 했고, 지금은 말도 제대로 할 수 없다고 합니다. 차 안에서 계속 토하고 있대요. CT 준비를 미리 해둘까요?"

간호사가 벌써 수화기를 손에 들고 당직 레지던트에게 묻는다. 슈미트 박사는 잠시 고민한다. "17세. 혹시 임신이면 방사선은 해로우니, 곧바로 MRI를 찍는 게 낫겠어요. 교수님은 아직 집에 계신데…… 교수님한테는 내가 알릴게요."

글라스 교수는 몇 분 이내로 응급실에 도착하겠다고 약속한다. 구급대원이 왔고, 약속대로 금세 도착한 글라스 교수와 슈미트 박사가, 양손으로 머리를 잡고 금방이라도 토할 것 같은 자세로 누워있는 창백한 환자를 살핀다. "교사 말이, 수업시간에 칠판 글씨가 안 보인다고 불평했고, 그다음 오른편이 이상하다고 했고, 그 직후에 언어 장애를 보였답니다. 엉뚱한 단어가 튀어나오고 속이 메스껍다고 했답니다. 병원으로 오는 동안 여러 차례 토했어요. 셰퍼 씨의 병력은 알 수 없고, 아무튼 처음 있는 일이라네요."

구급대원이 짧게 보고하는 동안 두 의사는 이미 환자를 진료하고 있다. "셰퍼 씨, 좀 어떠세요?" 환자는 질문에 답하지 못하고 그저 눈을 감은 채 양손으로 머리를 감쌌다. "셰퍼 씨, 여기는 병원 응급실이에요. 걱정 말아요. 내 말 들려요?" 환자가 힘없이 끄덕인다. "이름이 뭐에요?"

"아스트... 아스트르..." 환자의 입이 거의 벌어지지 않는다.

간호사가 구급대원의 보고서를 가리킨다. 아스트리트 셰퍼. "셰퍼 씨, 이제 검사를 해야 해요. 그러려면 반듯하게 누워야 해요. 괜찮죠?" 글라스 교수가 환자의 목덜미를 조심스럽게 돌렸고, 환자는 고통을 호소하지 않고 잘 견뎠다. "수막종은 아니고", 글라스 교수가 확인한다. "셰퍼 씨, 두통이 있어요?" 환자가 다시 힘없이 끄덕인다. "심한가요?" 환자가 다시 끄덕인다. "두통이 아주 갑자기 왔나요?" 글라스 교수는 이 질문을 두 번 해야 했는데, 환자가 고개를 애매하게 기울인 채 어깨를 으쓱해보였기 때문이다. 대답이 불명확하다. "이런 두통이 종종 있었나요?" 환자가 약하게 고개를 젖는다.

"맥박 84, 혈압 140에 88", 간호사가 보고한다. "그럼 우선 구토를 멈추도록 노발긴 앰플과 메토클로프라미드 10mg 주세요." 글라스 교수가 지시하고 다시 환자를 진료한다. 검사자의 코를 보라고 청하고 얼굴을 검사한다. 동공을 살피고 빛 반사를 본다. 환자는 빛이 눈부셔 다시 눈을 감는다. "잠깐만 눈을 떠, 내 손가락을 따라오세요. 곧 끝납니다." 글라스 교수는 다른 뇌신경을 검사하고, 그다음 팔다리의 힘과 근육 긴장도, 반사 반응, 피부 감각, 누운 채 할 수 있는 간단하고 짧은 운동 협응력을 테스트한다. "신경은 정상이네요." 짧게 확인하고 환자에게 묻는다. "임

신일 가능성이 있을까요?" 젊은 환자가 고개를 젓는다. 그사이 채혈이 끝나고 심전도가 준비되었다. "역시 신속하네요!" 수송부 직원이 환자를 CT실로 데려가며 감탄한다.

"어떻게 생각해요?" 환자를 따라 CT실로 이동하며 글라스 교수가 슈미트 박사에게 묻는다.

"SAH를 확인해봐야 합니다." 2년차 레지던트가 대답한다.

SAH는 지주막하출혈subarachnoid hemorrhage의 약자로, 뇌와 뇌막 사이의 출혈을 뜻한다. 이것은 급작스러운 강한 두통을 유발하고 언제나 매우 위험하다. "당연히, 그래야죠. 그런데 슈미트 박사는 SAH를 예상하세요?" 레지던트는 교수의 질문 의도를 파악하려 애쓴다. "수막종은 아닌데, 시각 장애가 있고 오른편에 감각 장애가 있다가 사라졌고, 그다음 언어 장애……SAH 같지는 않습니다." 레지던트가 최종적으로 결론을 내린다. "내 생각도 그래요. CT가 끝날 때쯤이면 진통제 효과가 있을 거예요. 그러면 환자와 다시 한번 상세히 얘기를 나눠야해요." 글라스 교수가 앞으로의 과정을 확정한다.

예상대로, CT는 정상이다. 환자는 응급실로 돌아왔고, 글라스 교수는 레지던트에게 진료를 맡긴다. "셰퍼 씨, 내 이름은 슈미트에요. 이곳 담당의사에요. 좀 괜찮아졌어요?" 환자가 그렇다고 대답하고 덧붙인다. "아까보다 나아지긴 했는데 아직 괜찮지는 않아요." 환자는 여전히 눈을 감고 있다. "아직 머리가 아픈가요?"

"네, 여전히 아파요. 하지만 아까보단 낫고 메스꺼움은 없어졌어요. 이런 일은 처음 겪어요." 환자가 대답한다.

"머리는 정확히 어디가 아파요? 전체가 아파요?"

"아니요, 여기 왼쪽만. 특히 왼쪽 눈 뒤."

"어떻게 아파요?"

"글쎄요, 아주 아파요. 여느 두통처럼." 환자는 의사의 질문을 제대로 이해하지 못했다.

"묵직하게 누르는 통증인가요, 아니면 욱신욱신 망치질하듯 아픈가요? 어때요?"

"네, 맞아요. 망치질! 누군가 왼쪽 눈 뒤를 망치로 때리는 것 같아요."

레지던트가 문진을 이어가는 동안, 뒤에서 글라스 교수가 지시한다. "아스피린 1g 정맥주사 주세요."

"이제 곧 두 번째 진통제가 들어갈 것이고, 그러면 모든 것이 더 빨리 좋아질 겁니다. 이 모든 것이 두통으로 시작되었나요?"

"아니요, 시작은 좀 어이가 없어요. 왼쪽에서 처음에는 눈송이 같은 것이 보슬보슬 내리더니 그다음 번개가 쳤고, 그다음 톱니들이 눈앞을 가로질러 지나갔어요. 심지어 아주 알록달록했어요. 그런데 칠판 글씨를 읽을 수가 없었어요. 앞에 놓인 책에 얼룩이 생기고, 얼룩에 가려 글자를 볼 수 없었어요. 선생님께 그걸 말하려고 하는데 벌써 새로운 문제가 시작되었어요."

"그게 뭐죠?" 환자가 점점 더 적극적으로 얘기하는 것에 레지던트는 기뻤다. 진통제가 효과를 내고 있다는 증거다.

"손이 아주 간지러웠어요. 까끌까끌한 장갑을 끼고 있는 것처럼. 그다음 간지러움이 위로 올라가 어깨와 목을 지나 얼굴의 오른쪽 절반까지 갔어요. 마치 개미 떼가 행진하는 것 같았어요." 레지던트가 열심히 기록한다. "그래서 그걸 선생님께 설명했어요. 처음에는 조리 있게 잘 설명했는데, 그다음 이상해졌어요. 얼마 동안 개미와 시각 장애에 대해 말했는지 모르겠고 '이상한 횡설수설'만 늘어놓고 있는 것 같았어요. 말도 제대로 못하는 멍청이가 되었더라고요. 시각 장애는 다시 괜찮아졌다고 말하려고 했지만, 말이 제대로 나오지 않았고, 그래서 입을 다물고 있는게 낫겠다고 생각했죠."

"말은 다시 정상으로 돌아왔네요." 슈미트 박사가 확인했다.

"네. 이제 혀가 잘 돌아가네요. 정말 다행이에요." 환자가 살짝 미소를 짓고 말을 이었다. "다만, 두통이 아직 말끔하지 않아요."

"곧 말끔히 사라질 겁니다. 개미 떼 행진은 여전한가요?"

"아니요, 없어졌어요. 개미 떼가 왔을 때 눈이 괜찮아졌고, 혀가 말을 듣지 않았을 때 개미 떼는 물러났어요. 정말 웃기죠?"

"예전에도 자주 두통이 있었나요?"

"이렇게 심한 망치질은 없었어요. 아까는 정말 지옥이 따로 없었어요. 생리 기간에 종종 두통이 있긴 했어요."

"그때도 절반만 아팠나요?"

"네, 가끔. 특히 왼쪽. 하지만 오늘처럼 심하진 않았어요."

"메스꺼움도 있었나요?"

"때때로 아주 약간. 아시잖아요. 생리 기간에 어떤지. 하지만 토한 적은 한 번도 없어요. 몇 시간 누워서 쉬면 곧 괜찮아졌어요. 진통제를 먹는 일은 드물어요."

셰퍼 씨는 이전 병력이랄 것이 없었다. "담배를 피우거나 피임약을 먹나요?"

"그런 내밀하고 사적인 질문을 동시에 두 개나 하시다니요…… 뭘 더 캐내려는 거죠?"

환자가 오른쪽 눈만 살짝 떠서 의사의 얼굴을 째려보았다. 레지던트가 미소를 지으며, 여전히 뒤에서 기다리고 있는 글라스 교수를 건너다보았고, 젊은 환자의 활기가 점점 더 많이 돌아오고 있는 것에 기뻤다.

"편두통에는 담배뿐 아니라 피임약도 좋지 않아요."

"피임약? 네. 남자친구가 있거든요. 담배? 네. 이따금. 그리고 이제 편두통이 있네요."

"편두통 발작이 있긴 합니다만, 점점 나아지고 있어요."

"기괴한 시각 장애, 개미 떼, 언어 장애, 그런 것들도 편두통과 관련이 있어요?"

"네!" 슈미트 박사가 힘주어 말한다. "특정 편두통에서 아주 전형적인 증상이에요. 내일 다른 검사들도 더 해야 아니까, 그때 더 자세히 설명드릴게요. 이제 병실로 옮길게요."

"정말로 입원을 해야 해요? 부모님께 연락이 갔나요?"

"네, 부모님이 지금 오고 계세요. 많이 지쳤을 테니, 이제 하룻밤 쉬고 간다, 생각하세요. 그래야 우리도 모든 것을 알아낼 수 있어요." 레지던트가 진료를 마친다.

· · · · ·

편두통 – 매우 흔한 질병

셰퍼 씨는 정말로 난생처음 극심한 편두통을 겪었다.

편두통은 매우 흔한 병이다. 남성은 대략 7~8퍼센트, 여성은 14~15퍼센트가 편두통을 앓는다. 편두통은 망치로 때리는 것처럼 욱신거리는 통증이 특징이고, 주로 반쪽만 아프지만 약 3분의 1은 양쪽 모두 아프다. 반쪽만 아픈 경우 환자마다 잦은 쪽이 따로 있다. 통증은 몇 분에서 몇 시간 이내로 극심해지고, 메스꺼움, 구역질, 드물지 않게 구토, 빛 기피증, 소음 예민증, 때때로 냄새 과민증이 동반한다. 몸을 움직이면 통증이 심화되기 때문에 환자들은 본능적으로 어두운 방에 조용히 누워있다.

국제 두통협회 분류에 따르면, 치료 없이 두었을 때 두통이 4~72시간 지속되고 신경에 이상이 없으면 편두통으로 본다. 한 번의 편두통 발작으로는 아직 편두통으로 인정되지 않는다. 전형적 발작이 다섯 번 이어지면 비로소 편두통 진단이 내려진다.

셰퍼 씨는 예전에 이미 여러 번 편두통 발작이 있었지만, 지금보다 훨씬 약했던 터라 지금까지 '편두통' 진단이 내려지지 않았었다. 이 병은 기본적으로 청소년 또는 청년기에 나타나, 주로 30대와 50대 사이에 최고 맹위를 떨치고, 그 후에 다시 사그러든다. 편두통은 아동기에도 나타난다. 유년기에는 주로 아주 짧게 지나간다. 처음에는 대개 현기증, 메스꺼움, 구토가 있는데, 어떤 아이들은 두통을 전혀 느끼지 않는다.

젊은 여성의 경우 셰퍼 씨처럼 편두통이 주로 생리 기간 즈음에 등장한다. 그러나 생리 외에 다른 방아쇠 요인들이 아주 많다. 초콜릿, 치즈, 술, 극심한 허기, 높은 곳, 특정 날씨 등. 스트레스 완화가 편두통 발작을 유발하는 환자도 드물지 않다. 편두통이 토요일에 등장했다가 일요일 오후에 다시 사라진다. 당사자는 힘들겠지만, 확실히 고용주 친화적이다. 이런 방아쇠요인은 아주 철저히 밝혀내야 한다. 요인을 알고 주의를 기울이는 것만으로도 환자가 편두통 발작을 피하는 데 도움이 될 수 있기 때문이다.

시각 장애, 팔과 얼굴을 지나는 개미 떼의 행진, 언어 장애 등이 편두통의 전형적 특징일까? 이런 증상이 편두통이나 간질 발작과 시간적 연관성이 있다면, 이것을 '아우라'라고 부른다. 6장에서 설명한 '아우라'를 기억할 것이다. 이런 전조 증상은 대개 두통 전에 나타나지만, 두통과 동반하거나 두통 뒤에 이어지는 사례도 더러 있다. 가장 빈번한 전조 증상은 시각 장애로, 눈앞에서 뭔가가 깜빡거리면서 움직이거나 알록달록한 톱니가 보인다. 또한, 이리저리 이동하는 까만 점에 가려서 안 보이는 부분이 생기는 이른바 '암점현상'이 생긴다.

이 외에 감각 장애나 몸의 절반에 퍼지는 편마비 그리고 언어 장애도 있다. 드물긴 하지만, 이중 이미지, 어눌한 언어, 빙빙 도는 현기증, 심지어 의식 장애도 생길 수 있다. 이런 전조 증상은 대뇌에서 척수로 넘어가는 부분인 뇌줄기에서 통증을 일으키고, 뇌줄기에 혈액을 공급하는 기저동맥의 이름을 따서 '기저편두통'이라 부른다. 셰퍼 씨의 경우처럼 다양한 전조 증상이 연속해서 나타날 수 있다. 이것이 뇌졸중의 전형적인 전조 증상과 편두통의 차이점이고, 일부 간질 발작과의 유사점이다.

편두통은 어떻게 생기고
아우라는 어떻게 발생하는가?

지금까지의 연구에 따르면, 편두통에서 통증은 뇌줄기에 있는 3차신경의 핵심영역에서 발생한다. 유전적 요인으로 그곳에 결손이 있으면, 신경세포(뉴런)의 즉흥적 전기 방전을 보이는 경향이 있다. 3차신경의 핵심영역 신경들은 뇌표면의 동맥과 연결된다. 편두통 발작 때, 이 신경에서 작은 단백질(펩티드)과 신경전달물질(세로토닌, 히스타민, CGRP, P물질)이 분비된다. 이것을 통해 혈관 주변의 염증과 통증섬유가 자극된다. 3차신경의 핵심영역과 혈관의 이런 협업을 '3차신경 혈관반사'라고 부른다. 앞에서 언급한 신경펩티드 억제제가 편두통 치료에 사용된다(아래 참조).

전조 증상 발생의 책임은 뇌표면에 퍼지는 전기 억제 파동인데, 이것은 초당 몇 밀리미터 속도로 뇌표면을 가로지른다. 이것 때문에 해당 뇌영역에서 전조 증상이 서서히 퍼졌다가 다시 사라진다. 이 과정을 '피질 확산 억제(cortical spreading depression, CSD)'라고 부른다. 이 과정에서 다양한 뇌영역의 혈류가 감소한다. 동물 실험에서 이런 확산 억제가 관찰되었고, 그사이 인간에게서도 입증될 수 있었다.

말하자면 **편두통은 뇌줄기에 있는 3차신경의 핵심영역 신**

경들과 뇌혈관 사이의 연결 장애에서 비롯된다. 이로 인해 더 많은 합병증이 생길 수 있을까? 드물지만 실제로 전조 증상이 편두통 발작 후에도 사라지지 않고, CT나 MRI에서 뇌졸중이 확인될 수 있다. 이런 합병증 위험은 특히 여성에게 있다. 전조 증상이 있는 편두통을 앓고, 담배를 피우고, 피임약을 먹고, 비만이나 고혈압 같은 다른 위험요인이 있는 여성. 이런 여성 환자에게는 당장 담배를 끊고 피임약 복용을 중지하라고 권한다. 그러나 말했듯이, 편두통 범주 안에 있는 뇌졸중은 매우 드물고, 뇌졸중의 다른 원인들이 언제나 꼼꼼하게 확인되어야 한다.

· · · · ·

편두통 치료는 어떻게 할까?

편두통 환자는 편두통 발작에 대처하는 방법을 잘 알아둬야 한다. 많은 환자가 본능적으로 어둡고 조용한 공간을 찾아가 머리를 차갑게 하고 아스피린이나 이부프로펜 같은 간단한 진통제를 먹는다. 그러나 이런 약들은 종종 토해져 효과를 내지 못한다. 그러므로 구토를 막는 약을 먼저 먹고, 잠시 뒤에 진통제를 먹는 것이 낫다. 구토 억제제는 구토를 막아줄 뿐 아니라, 편두통약이 장에서 더 잘 흡수되도록 돕는다. 장 기능 역시 급성 편두통 발작으로 억제된 상태이기 때문이다.

편두통 발작이 특히 심한 환자가 병원이나 응급실에 오면, 종종 정맥주사로 아스피린을 주입하는데, 이것이 몇 분 이내에 효과를 낸다. 그러나 이미 여러 시간 지속된 상태라면, 이부프로펜이나 아스피린 같은 고전적 진통제는 효과가 별로 없다. 그러면 편두통과 소수 몇몇 두통에만 사용이 허용되는 특별한 약을 쓴다. 그것이 트립탄Triptane이다. 이 약은 앞에서 언급한 신경펩티드의 개별 수용체와 결합하여 혈관 주변의 염증을 억제한다. 코스프레이나 피하주사로도 투여할 수 있는데, 그러면 특히 빠르게 효과를 낸다. 트립탄은 뇌혈관을 수축하기 때문에, 이미 혈관이 좁아진 전조 동안에는 투여하면 안 된다. 그 외에는 기본적으로 진통제는 여기서도 가능한 한 일찍 복용하는 것이 좋다. 미래에 여러 새로운 약들, 무엇보다 CGRP(calcitonin gene-related peptide, 칼시토닌 유전자 관련 펩타이드) 같은 특별한 신경전달물질을 억제하는 약들이 시장에 나올 것이다.

트립탄 같은 약은 편두통에만 효과가 있고, 다른 두통에는 쓰면 안 되기 때문에, 의사의 바른 진단을 받는 것이 중요하다. 게다가 여러 편두통 환자가 운 나쁘게도 다른 두통, 무엇보다 긴장성 두통을 앓는다. 이런 환자들은 편두통과 긴장성 두통을 구별하는 법을 배워서, 트립탄 같은 약을 오로지 편두통에만 복용해야 한다.

긴장성 두통은 무엇인가? 간헐적 긴장성 두통은 매우 흔하고, 대다수가 인생에서 여러 번 그런 두통을 겪는다. 묵직하게 누르는 통증이 특징이고, 경미하거나 중간 정도의 통증이 양쪽에 다 있다. 메스꺼움이나 구역질은 없다. 이런 두통은 아스피린, 이부프로펜, 파라세타몰(아세트아미노펜) 같은 일반 진통제로 치료된다. 긴장성 두통을 만성 질환으로 가진 사람도 있다. 증상이 한 달에 15일 이상이고 최소한 3개월 넘게 지속되면, 만성 두통이라고 한다. 이런 경우에는 고전적 진통제는 피하는 것이 좋은데, 자주 복용하면 역설적이게도 두통이 계속 만성화되기 때문이다. 그러면 이른바 약물 유발성 만성 두통이 생긴다. 3개월 넘게 한 달에 최소한 열 번씩 진통제를 복용하면, 이런 약물성 두통으로 발전할 위험이 있다. 여러 효능물질이 함유된 알약을 복용할 때, 이런 위험이 특히 크다. 반대로 허리나 관절의 통증을 치료하는 다른 진통제는 약물성 두통으로 발전할 위험은 없다.

약물성 두통의 통증은, 이전에 편두통이 있었더라도, 긴장성 두통의 통증과 비슷하다. 이것은 머리 전체에 넓게 퍼져 묵직하게 누르는 통증이지, 망치로 때리는 통증이 아니고, 메스꺼움이 동반되지 않는다. 약물 남용에 의한 두통은 결코 드문 일이 아니다. 약물성 만성 두통은 치료가 상당히 어렵다. 금단치료가 필요한데, 대개 입원 없이 외래로 가능하다. 그러나 진정제나 모르핀 유사물질을 복용했다면, 입원 치료를 받는 것이 좋다. 환자는 메스꺼움, 수면 장애, 공포, 불안감 같은 금단현상이 생길 수 있고, 종종 초기에는 두통이 더 심해진다. 코르티손 치료가 임시적으로 도움이 될 수 있다. 그러나 무엇보다 심리치료가 권장된다. 빈번하게 등장하거나 만성이 된 두통의 경우, 예방 효과가 있는 약을 투여하고 금단치료 때 곧바로 이 약으로 시작한다.

만성 긴장성 두통의 경우 기본적으로 소량의 항우울제가 처방된다. 환자가 우울해서가 아니라, 통증 인식에 긍정적 영향을 미쳐 환자에게 전반적으로 도움이 되기 때문이다. 그러나 스트레칭과 물리치료도 도움이 된다.

편두통의 경우 발작이 잦으면, 고혈압 또는 간질 발작 치료에도 사용되는 이른바 베타 차단제가 예방 조치로 투여된다. 대부분 소량으로도 벌써 발작의 빈도와 강도를 완화할 수 있다. 한 달에 세 번 넘게 발작이 있고, 편두통약이 제대로 효과를 내지 못하거나 소화흡수가 잘 되지 않고, 전조 증상이 심하거나 오래 지속되는 경우에도, 편두통 예방 치료를 시작한다. 생리 기간에 빈번히 편두통을 앓는다면, 생리 전에 미리 이부프로펜 같은 진통제를 복용하는 것도 도움이 될 수 있다.

두통이 점점 더 자주 생기면, 두통일지를 작성하는 것이 좋다. 거기에 날짜와 동반증상 그리고 특히 복용한 약을 기록한다. 그것이 병을 총관하는 데 도움이 된다.

두통이 아주 갑자기 극심하게 발생하면, 의사들은 위험한 질병이 간과되지 않도록 언제나 세심하게 살펴야 한다. 뇌와 척수를 둘러싸고 있는 뇌막 영역에 출혈이 있는 이른바 '지주막하 출혈(SAH)'을 제일 먼저 염두에 둔다. 우리의 환자 셰퍼 씨의 경우도 이런 우려를 했었다.

SAH의 경우 기본적으로 아주 갑자기 매우 격렬한 두통이 생기고 환자는 죽을 것처럼 고통스럽다. 처음 겪는 극심한 두통일 것이다. 이때 구토가 나고 땀이 쏟아지고 맥박과 혈압이 불안정하다. 심한 출혈이면 마비, 언어 장애, 동공이상 또는 간질 발작도 올 수 있다. 환자들은 종종 의식이 흐려지고, 실제로 의식을 잃고 바닥에 쓰러지기도 한다. 중증 SAH가 여러 날 또는 여러 주 전에 가벼운 출혈로 시작되는 경우도 많다. 어떤 의사도 간과하고 싶지 않은 일종의 예고 출혈이 있다. 대부분 목덜미가 경직되기 때문에, 의사는 환자의 목을 조심스럽게 앞으로 숙여서 그것을 확인한다.

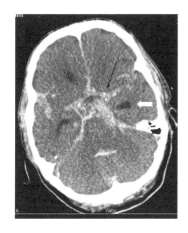

그림 19 : 이차성 두통

지주막하출혈SAH이 있는 환자의 CT. 혈액이 밝게 보이고(가늘고 긴 검은색 화살표), 뇌실에 있는 보통 뇌척수액은 어둡게 보인다(두꺼운 흰색 화살표).

지주막하출혈은 대개 동맥류라고 불리는 뇌동맥의 팽창으로 발생한다. 동맥류 환자는 최대한 빨리 신경외과와 인터벤션 영상의학과가 있는 적합한 병원으로 가야 한다. 응급실에서 신체 검사 후 신속하게 CT가 촬영된다. 동맥류는 두개골 기저에서 밝은 신호로 나타난다그림 19. 분포 패턴에서 출혈 장소를 알아낼 수 있다. 동맥류가 종종 명확히 드러나는 CT 혈관조영술을 즉시 추가하는 것이 가장 좋다. 이미 여러 날 전의 출혈이거나 작은 출혈이면, CT에서는 정상으로 보일 수 있다. 그러면 기본적으로 요추천자가 필요하다.

지주막하출혈의 경우 척수액에서 신선한 혈액 또는 대식세포가 발견되는데, 이것은 출혈 때 적혈구가 파괴되었음을 나타낸다. 신경외과의사가 원인이 된 동맥류의 목에 클립을 끼워 차단한다. 요즘에는 주로 수술 대신 카테터를 사타구니 쪽에서 삽입하여 작은 백금 나선을 동맥류에 배치한다. 그러면 그곳에 혈전이 형성되어 팽창 부위를 밀봉한다. 지주막하출혈 뒤에 환자는 합병증 위험이 있기 때문에 종종 더 오래 중환자실에 머물며 모니터링 되어야 한다. 뇌동맥은 출혈로 인해 수축할 수 있고, 이런 혈관수축은 혈류장애를 일으켜 뇌졸중을 유발할 수 있다. 혈액이 뇌막의 협착, 중앙의 뇌척수액 공간인 뇌실의 팽창을 유발할 수 있다. 그러면 뇌에 높은 압력을 가하는 '수두증'이 생긴다. 간질 발작과 마찬가지로 전해질인 나트륨과 칼륨 그리고 혈중염분도 변할 수 있다. 그러나 많은 사람이 지주막하출혈에서 심한 손상 없이 회복된다. 셰퍼 씨는 다행히 지주막하출혈이 아니었지만, 전조가 있는 격렬한 편두통 발작 역시 그에 못지않게 통증이 끔찍하다.

다음날 셰퍼 씨가 확실히 좋아진 얼굴로 침대에 앉아있다.

"아직 완전히 건강해지진 않았지만 이젠 괜찮아요. 어제는 정말 대단했죠. 그런 일은 정말 처음 겪어요. 편두통이 도대체 뭐에요?" 병동 담당의사가 오늘날 편두통을 어떻게 정의하고 편두통 발작 때 무엇이 도움이 되는지 설명한다.

"벌써 많이 좋아지셨고, 무엇보다 다른 나쁜 병이 숨어있지 않아서 정말 다행입니다."

셰퍼 씨가 미소와 함께 덧붙인다. "학교에서 친구들이 곧바로 나를 바닥에 안전하게 옆으로 눕힌 것은 정말 대단했던 것 같아요. 나는 숨을 쉴 수 있었고 심장도 아주 잘 뛰었어요. 내가 곧 죽을 거라고, 친구들이 생각하는 게 느껴졌어요. 와우."

"신발을 잘못 신은 것 같아"

- 몸이 점점 뻣뻣해지면

"오른쪽 팔이 아파요. 벌써 1년도 더 되었어요. 어떨 땐 심하고 또 어떨 땐 좀 덜하고 그럽니다. 하지만 아무도 원인을 몰라요. 정형외과 의사 말이, 어깨관절은 정상이고, 그냥 근육이 살짝 뭉친 것 같다네요. 그런데 마사지와 물리치료를 받아도 별로 도움이 안 됩니다. 몇 달 전부터 오른쪽 팔이 점점 더 말을 안 들어요. 제멋대로예요. 단추를 잠그고 풀 때 손가락이 잘 안 움직이고 가끔씩 떨리기도 해요. 신경도 쓰이고 걱정도 되고 그렇네요. 뭐가 문제인지 아무도 알아내지 못했고, 뭘 해도 도움이 안 됩니다. 주치의가 신경과에 가보라고 해서 왔어요. 도와주실 수 있으면 좋겠네요."

내 앞에 슈바르츠 씨가 앉았다. 74세 남자가 단조로운 어조로 자신의 문제를 얘기한다. 고난의 길이 감정적으로 많이 괴롭혔을 텐데도, 목소리가 아주 차분하다. 그냥 힘없이 조용하게 모노톤으로 말한다. 몇몇 단어는 다음 단어와 섞여 제대로 알아듣기가 힘들다. "팔이 마치 오랫동안 딱딱한 장갑을 끼고 있었던 것 같아요." 그가 말하고 이때 웃으려고 애썼지만 미소가 중간에 굳어버려 표정 변화가 거의 없다. 아주 드물게만 눈꺼풀이 그의 눈을 덮는다. "다행히 평생 심하게 아팠던 적이 없고, 장기간 약을 먹을 필요도 없었어요. 가끔 변비 때문에 약을 먹긴 했어요. 내 나이에 변비약 정도는 보통 있는 일이잖아요, 그렇죠? 나는 담배를 피운 적이 없고 술도 아주 조금, 진짜 아주 조금만 마십니다." 은퇴한 농기계기술자가 말한다.

슈바르츠 씨가 상체를 앞으로 구부리고 검사실로 걸어간다. 동작이 굼뜨진 않다. 그러나 걸음걸이가 뻣뻣하고 로봇처럼 부자연스럽고, 발이 바닥에서 거의 떨어지지 않고, 오른쪽 팔을 왼쪽 팔보다 확연히 덜 흔든다.

"냄새는 잘 맡으세요?" 검사를 시작하기 전에 내가 묻는다.

"냄새라... 아니오. 못 맡은 지 벌써 오래되었어요. 하지만 전혀 불편하지 않아요." 나중에 한 후각 검사가 확인해주었듯이, 슈바르츠 씨는 제시된 향물질을 거의 맞히지 못했다. 검사 중에 오른쪽 팔이 떨리기 시작했고, 이때 팔꿈치 아래 팔뚝과 손이 안쪽으로 그리고 바깥쪽으로 회전했다. "이것 좀 보세요! 이렇게 제멋대로 움직여요. 이걸 멈추려고 어떨 땐 팔을 깔고 앉는다니까요."

나는 슈바르츠 씨에게 오른쪽 검지를 천천히 코로 가져가라고 청했다. 이때 손가락이 전혀 떨리지 않고 아주 정확히 목표물에 도달했다. "팔을 의식적으로 움직이면 떨리지 않아요, 그렇죠?"

"네, 맞아요. 사촌은 수프를 먹을 때 숟가락이 심하게 떨리지만, 나는 안 그래요. 내 경우는 갑자기 떨림이 나타나, 모두가 내 문제를 보게 되는 것이 싫을 뿐입니다. 아주 불쾌해요."

나는 환자의 양팔을 잡고 천천히 반대 방향으로 움직였다(한쪽 팔은 앞으로, 동시에 다른 한쪽 팔은 뒤로 그리고 반대로도). 이때 오른쪽 팔에서 그리고 약하지만 왼쪽 팔에서도 약간 뻑뻑한 저항, 이른바 '강직'이 있고, 아주 빨리 움직이면 이런 저항이 느껴지지 않는다. 뒷목과 오른쪽 다리에도 이런 뻑뻑함이 약하게 보인다. 환자는 마비는 없고 전반적으로 근력도 넉넉하지만 손가락을 빠르게 움직이지 못하고, 백열전구를 끼울 때처럼 아래팔뚝을 회전할 때 그 동작이 뻑뻑하고 부자연스러우며, 셔츠 단추를 채우기가 힘들다. 기본검사를 마치면서 나는 환자에게 눈을 가볍게 감으라고 청했다. 그리고 내 검지로 이마를 가볍게 톡톡 치면서 관찰하니, 손끝이 가볍게 닿을 때마다 눈을 덮고 있는 두 근육이 반응한다. 여덟 번 또는 열 번 건드린 뒤에도 이런 반응이 여전히 사라지지 않는다.

"꼭대기도 검사하시는군요. 거기는 아직 모든 것이 정상입니다. 그렇죠?"

"반사 반응을 보는 거예요. 일반적으로 이런 반응은 슈바르츠 씨의 경우보다 더 빨리 사라집니다. 이해력과는 아무 관계 없어요. 하지만 기억력과 집중력은 어떠세요?"

"모든 것이 최고입니다. 나는 아직 옛날 직장에서 가끔 일해요. 아무 문제 없어요."

"직장에서 살충제를 많이 다뤘나요?"

"네, 당연하죠. 농사에서 살충제 없이는 안 돼요. 해충을 죽이지 않고는 인류를 먹일 수 없어요."

슈바르츠 씨의 병이 무엇인지 짐작이 되는가? 맞다. 파킨슨병이다. 오른손의 느려진 동작(전문용어로 운동저하), 제한된 미세동작(소근육 운동) 그리고 걸을 때 팔이 움직이지 않는 것, 상체를 앞으로 구부리고 걷기, 뻣뻣한 걸음걸이 등이 모두 파킨슨병을 가리킨다. 운동저하증의 경우, 의식적인 동작을 시작할 때 시간이 지연되고, 반복된 동작은 속도와 규모가 감소한다. 글자를 쓸 때 몇 단어 뒤로 종종 철자가 점점 작아진다. 오른손의 떨림도 전형적 특징인데, 이른바 '진전'이라고 불리는 이런 떨림은 가만히 있을 때 등장하고 움직일 때는 멈춘다. 이때 대부분 회전하는 움직임이기 때문에, '환약말이떨림**pill-rolling tremor**'이라고도 부른다. 엄지와 검지로 알약을 굴리는 것 같다고 해서 붙여진 이름이다. 이마를 두드릴 때 눈꺼풀근육의 지속적인 반응 역시 파킨슨병의 전형적 특징이다. 이것을 '지속되는 미간반사'라고 부른다.

운동저하가 전형적인 떨림과 뻣뻣한 저항 또는 보행 장애와 안정적으로 서 있지 못하는 증상이 같이 있으면, 파킨슨 증후군이 진단될 수 있다. 예를 들어 서 있는 것이 안정적인지 검사할 때, 안전한 장소에서 미리 고지한 후 환자를 앞뒤로 당겨볼 수 있다. 이때 건강한 사람은 안정적으로 균형을 잡기 위해 걸음을 옮긴다. 파킨슨병 환자는 이런 균형 잡기가 안 되어 넘어질 수 있다. 그러므로 검사 때 특히 주의해야 한다. 슈바르츠 씨의 경우, 이런 균형 잡기 반사는 정상이지만, 세 가지 중요 증상(운동 저하, 강직, 떨림)이 감지되었다. 나는 환자에게 나의 진단을 상세히 설명했다.

"하지만 통증이 있어요. 그건 파킨슨병과 무슨 관계입니까?"

"통증은 파킨슨병 초기에 종종 나타나는 흔한 증상입니다. 다른 증상이 나타나기 몇 년 전에 해당 팔다리에 통증이 있을 수 있어요. 후각 장애와 변비 역시 초기 증상입니다."

"그럼 나는 아주 전형적인 사례군요. 그런데 왜 예전에 내게 그걸 말해주는 사람이 아무도 없었을까요? 아직 나타나지 않은 증상이 더 있습니까?"

"글쎄요, 잠은 잘 주무신다면서요? 아내분도 특별히 눈에 띄는 건 없다고 했고요. 어떤 환자들은 밤에 꿈을 꾸는 단계에서 이상한 행동을 보입니다. 그것이 배우자에게 경보를 울리죠. 이런 환자들은 자다가 일어나 앉아 얘기하고 웃고 몸을 흔들고 주변을 때립니다. 또 다른 초기 증상은 우울증인데, 내 생각에 슈바르츠 씨 역시 우울증이 약간 있는 것 같습니다."

"왜 그렇게 생각하십니까? 나는 원래 말이 많은 사람으로, 우울증 같은 건 없어요."

"아까 말씀하셨잖아요. 예전보다 기뻐할 일이 별로 없고, 작은 문제를 깊이 고민하는 일이 잦아졌고, 아침에 예전만큼 활기가 없다고. 그것이 우울증의 표시예요."

"그건 모두 내가 가진 무거운 병 때문이에요. 그것만 고쳐주시면, 내 기분도 좋아질 겁니다."

· · · · · ·

파킨슨병이 증가하고 있다
– 환경 영향이 위험을 결정한다

파킨슨병은 알츠하이머병에 이어 두 번째로 흔한 신경퇴행성 질환으로, 현재 크게 증가하고 있다. 1990년에 전 세계에서 약 250만 명이 파킨슨병을 앓았고, 2016년에는 벌써 610만 명이었다. 파킨슨병은 무엇보다 노년에 나타난다. 60세 이후 비율이 급격히 올라가고 85세에 최고점에 이른다. 오늘날의 높은 기대수명을 고려하여 보정하더라도, 약 22퍼센트가 증가한다. 독일에는 파킨슨병 환자가 약 16만2천 명이다. 연령 보정 후 1990년과 2016 사이의 상승률이 약 12퍼센트이다. 전 세계 거의 모든 지역에서 증가하고 있는데, 중국이 약 116퍼센트로 특히 상승률이 높다.

살면서 파킨슨병에 걸릴 위험은 1~2퍼센트이다. 그러나 노인의 경우, 파킨슨병이 본격적으로 시작되지 않은 채, 움직임 둔화나 경직 같은 가벼운 징후가 훨씬 빈번하게 나타난다. 이때 평범한 노화 현상과 파킨슨병 증상의 경계가 매우 모호하다.

파킨슨병일 때 뇌에서는 무슨 일이 일어날까? 중뇌의 핵심영역인 흑색질의 뇌세포가 조기에 사멸하는 것이 특징이다. 이 뉴런은 흑색질과 기저핵을 결합하고 신경전달물질 도파민을 분비한다. 뉴런이 사멸하면서 기저핵에 도파민 결핍이 생기고, 경직과 동작 장애를 일으킨다. 세포 사멸은 질병이 감지되기 몇 년, 어쩌면 몇 십 년 전에 이미 시작된다. 흑색질의 뇌세포 약 80퍼센트가 죽어야 운동 장애 증상이 나타난다. 도파민 결핍은 기저핵에만 제한되지 않고 다른 신경전달물질에도 중요한 역할을 한다.

이른바 신경퇴행성 질환은 잘못 접힌 단백질, 즉 공간구조가 변경된 단백질이 특징이다. 파킨슨병의 경우, α-시누클레인이라는 세포단백질이 잘못 접혔는데, 이것은 물에 녹지 않고 이른바 루이소체로 뭉쳐있다. 현미경으로 이 루이소체를 확인할 수 있다. 루이소체는 뇌에만 있지 않고 척수와 여러 신경에도 있는데, 특히 장 신경계에 있다. 이때 루이소체는 특정 방식으로 서서히 신경계를 통해 확산한다. 독일 해부학자 하이코 브라크Heiko Braak와 그의 연구원들이 탐정처럼 추적하여 이 질병의 시공간적 확산과정을 밝혀냈다. 루이소체는 장 신경계에서 시작하여, 장 및 다른 내부 장기와 뇌를 연결하는 미주신경을 통해 뇌줄기 아랫부분으로 확산한다그림 20. 그곳에서 계속 위로 올라 중뇌의 흑색질로 이동한다. 또 다른 확산 경로가 있는데, 후각 신경에서 시작하여 전두엽과 측두엽으로 퍼진다.

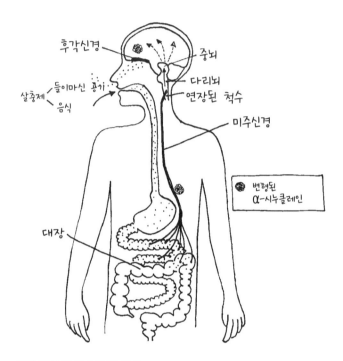

그림 20 : 파킨슨병의 확산

이 질병은 대장에서 시작되어 미주신경을 통해 뇌줄기 쪽으로 퍼진다. 나중에는 뇌의 넓은 부위에 도달한다. 이 병은 또한 후각 신경 영역에서 시작될 수도 있다.

루이소체는 또한 감정에 중요한 변연계와 대뇌피질에 도달한다. 루이소체가 대뇌피질에 많을수록 치매에 걸릴 위험이 높다. 루이소체는 시냅스를 통해 뉴런에서 뉴런으로 확산한다. 병든 세포의 α-시누클레인은 건강한 뉴런에서도 루이소체로 뭉쳐지고 확산한다. 다시 말해, 도미노 효과가 생기고 세포가 다음 세포를 '감염'시킨다. 동물실험에서 이 과정이 입증된다. 파킨슨병 환자의 루이소체를 쥐에 주입하면, 루이소체가 서서히 확산하고 신경세포가 죽는다. 그러나 걱정하지 마시라. 파킨슨병은 절대 전염되지 않는다.

모든 부검 연구가 브라크의 발견을 모두 재확인하진 않더라도, 우리는 오늘날 질병 원인 물질이 코나 위장관을 통해 인체 안으로 들어오고 질병 과정이 점차 뇌쪽으로 퍼진다고 확신한다. 이것이 후각 장애나 변비 같은 초기 증상을 잘 설명한다.

누가 또는 무엇이 파킨슨병의 원인일까? 여러 연구가 파킨슨병 위험을 높이는 요인들을 밝혀냈다. 농사, 특히 살충제와 용매제의 접촉 그리고 두개골 및 뇌의 심한 손상도 여기에 속한다. 특히 제초제와 살충제 그리고 파라콰트와 마네브 같은 개별 물질과 연관성이 있을 수 있다. 살충제 파라콰트가 뿌려진 밭 인근에 살고 게다가 과거에 두개골 및 뇌를 다친 적이 있다면, 파킨슨병 위험이 매우 높다. 여러 살충제의 장기간 접촉이 파킨슨병 위험을 높인다(용량-효과 관계). 소량의 여러 물질과 그 자체로 유독할 수 있는 첨가제는 예측이 거의 불가능한 기하급수적 효과를 초래할 수 있다. 연구에 따르면, 지하수에 살충제 농도가 높은 지역에서 파킨슨병 위험이 더 높다. (수돗물 대신) 우물물을 마시면 파킨슨 위험이 커지는 것을 입증한 연구도 있다. 프랑스에서는 이런 발견을 토대로 특정 조건 아래에서, 농촌의 파킨슨병을 살충제에 의한 직업병으로 인정한다. 호흡기 세포에 독이 되는 살충제 린단과 디엘드린이 점점 더 많이 파킨슨병 환자의 뇌에서 발견된다. 오래전에 금지된 살충제가 계속해서 우리의 환경에 남아있고, 우리는 유제품과 육류뿐 아니라 다른 식료품 형태로도 그것에 노출되어 있다.

· · · · ·

살충제와의 연관성을 어떻게 알게 되었을까?

미국의 마약 중독자들이 MPTP라는 물질이 첨가된 합성 헤로인 주사를 맞자, 심한 파킨슨병 증상이 나타났다. MPTP는 여러 살충제와 화학적으로 유사하다. 그것은 동물실험에서 심한 파킨슨병 증상을 금세 유발한다. 그러나 오늘날 대개 파킨슨병을 연구하기 위해, 그사이 금지된 살충제인 로테논을 주로 이용한다. 로테논은 열대식물인 나비나물의 뿌리에 있는 독이다. 이것을 쥐에게 소량 먹이면, 파킨슨병의 전형적인 병변이 먼저 대장의 신경계에서, 그다음 뇌줄기의 미주신경 핵심에서 그리고 나중에는 중뇌의 흑색질에서도 발견된다. 그러면 쥐는 동작 장애를 보인다. 미주신경을 절단하면 질병과정이 명확히 느려지고 완화된다. 위장병 치료를 위해 미주신경이 절단된 사람은 파킨슨병 위험이 명확히 낮다. 모든 증거들이 파킨슨병의 발원지를 대장이라고 말한다.

모두가 살충제에 노출되어 있는데도 어째서 누구는 파킨슨병에 걸리고 누구는 걸리지 않을까? 중대한 이유는 유전자 차이인 것 같다. 살충제 분해, 특히 잘못 접힌 α-시누클레인 같은 물질의 소화에 중요한 물질대사 경로가 사람마다 다르다. 성능이 뛰어난 '소화장비'를 세포 안에 가지고 있는 사람은 파킨슨병 위험이 낮은 것 같다.

단백질과 다른 분자를 분해하고 소화하는 리소좀이 세포의 해독 시스템에서 중요한 구실을 한다. 파킨슨병 환자의 경우, 종종 리소좀에서 α-시누클레인을 충분히 분해하지 못한다.

리소좀의 물질 분해에서 중요한 효소는 글루코세레브로시다제**Glucocerebrosidase**이다. 이 효소의 유전자 변이가 유전성 파킨슨병에서 가장 중요한 위험요인이다. 글루코세레브로시다제-유전자의 중대한 변이가 부모 모두에게서 유전되면, 희귀병인 고서병이 발생한다. 한쪽 부모로부터 유전되는 경우에도 벌써 파킨슨병 위험이 명확히 높아지고, 세포에 α-시누클레인이 많아진다. 세포 해독 과정에서 수많은 다른 물질대사 경로의 유전적 변이도 파킨슨병 위험을 높인다.

코를 통해 흡입되거나 장을 통해 흡수되는 살충제와 같은 오염물질이 잘못 접힌 α-시누클레인 같은 변형된 단백질을 야기한다. 동시에 이것을 분해하는 능력을 약화시키는 유전적 조건이 있다면, 파킨슨병이 생길 수 있다.

·····

파킨슨병 뒤에 다양한 질병이 숨어있을 수 있다

일주일 뒤에 슈바르츠 씨와 다시 마주 앉았다. "뇌 초음파 검사는 파킨슨병의 전형을 보여줍니다. 그리고 MRI는 아주 깨끗하고요. 이것 역시 파킨슨병의 전형적인 특징이죠. 그러니까 슈바르츠 씨는 파킨슨병 이외에 다른 병일 가능성은 없는 것 같습니다."

파킨슨병이 의심될 때, MRI는 다른 질병을 배제하는 데 특히 기여한다. 전형적인 파킨슨 증상을 보이더라도 약 1/4은 사실 파킨슨병이 아니라 다른 비슷한 병이다. 예를 들어, '다계통 위축증(MSA)'이라는 병이 있는데, 이 경우 파킨슨 증상 이외에, 내부 장기를 담당하는 (자율)신경계의 초기 장애가 있다. 일어설 때 혈압이 심하게 떨어져, 눈앞이 캄캄해지고 때로는 의식을 잃는다. 방광을 통제하는 데도 문제가 있을 수 있다. 남성이라면 발기부전이 생길 수 있다. 소뇌 기능 이상으로 비틀대는 보행 장애가 생길 수 있다.

또 다른 경우, 진행성 핵상마비(PSP)라는 드물지 않은 질병이 있는데, 이 경우 환자는 눈을 위로 또는 특히 아래로 움직이기 힘들어한다. 초기에 낙상 사고가 잦은데, 균형 통제력을 잃어 특히 뒤로 넘어진다. MSA와 PSP의 경우, 파킨슨 증상이 좌뇌와 우뇌 모두에서 기본적으로 똑같이 나타난다. 그러나 진짜 파킨슨병은 한쪽에서 시작되고 종종 몇 년 넘게 한쪽에만 강하게 남는다. 다른 질병에서는 전형적인 떨림이 드물고, 불행히도 그것은 파킨슨병 약으로도 잘 고쳐지지 않는다.

보행 장애가 있다면, 7장에서 치매를 다룰 때 배운 정상압수두증과 파킨슨병을 구별해야 한다. 두 질병 모두에서 환자는 짧은 보폭으로 발을 바닥에 붙인 채 끌듯이 걷지만, 팔 동작에서 차이가 난다. 정상압수두증 환자는 걸을 때 팔을 자연스럽게 잘 흔든다. 2장 뇌졸중에서 다룬 작은 뇌혈관의 손상 역시 원인으로 고려되어야 한다. 이때 MRI가 구별에 도움을 준다. 슈바르츠 씨가 말한, 숟가락질할 때 심하게 손을 떠는 사촌은 '본태성 떨림', 이른바 수전증일 확률이 매우 높다. 이런 떨림은 동작을 할 때 주로 나타나고, 파킨슨병처럼 가만히 있을 때 나타나지 않는다. 그러나 파킨슨병의 떨림과 본태성 떨림이 동시에 나타날 수도 있다.

· · · · ·

오늘날 파킨슨병은 잘 관리될 수 있다

"그러니까 정말로 파킨슨병이네요. 그럼 이제 뭘 해야 하죠?" 슈바르츠 씨가 묻는다.

"이 병은 비록 완치되진 않지만, 증상을 다스릴 수 있는 좋은 약이 있습니다."

파킨슨병이면 도파민이 부족하므로, 그것부터 해결하는 것이 우선이다. 도파민은 혈관뇌장벽을 통과하지 못한다. 하지만 그것의 전구체인 L-도파는 통과한다. L-도파가 뇌로 들어가 신체 자체 효소를 통해 도파민으로 바뀐다. 뇌의 도파민 수용체를 자극하여 도파민 효과를 흉내 내는 물질(이른바 도파민 작용제)도 있다. L-도파를 장기 사용하면 종종 그 효력을 서서히 잃는다. 그러면 용량을 높여야 한다. 그러므로 젊은 환자라면, 도파민 작용제 또는 다른 물질로 시작하고 나중에 L-도파를 추가하는 것이 좋다.

질병이 많이 진행된 단계에서는 환자의 활동성이 순간적으로 때로는 몇 분 사이에 심하게 바뀔 수 있다. 갑자기 몸이 굳어 꼼짝도 못하다가 금세 다시 잘 움직이고, 심지어 통제가 안 될 정도로 과한 동작을 보이기도 한다. 만약 경구용 약이 충분히 효과를 내지 못하면, 피부 아래에 또는 배에 튜브를 넣어 펌프를 통해 장에 지속적으로 약물을 주입하는 것이 도움이 될 수 있다.

효과가 아주 좋은 시술은 '뇌심부 자극술'이다. 신경외과 의사가 흑색질 가까이에 있는 특별한 핵심 영역인 시상하핵에 전기 탐침(존데)을 이식한다. 뇌의 전기 자극 강도를 개인에 맞게 조절한다. 이 방법은 효과가 매우 좋아, 환자가 움직이지 못하는 시간을 명확히 줄일 수 있고 약물 복용량도 줄일 수 있다. 환자의 필요에 따라 약물치료에 물리치료, 작업치료, 언어치료를 추가하는 것이 좋다.

슈바르츠 씨는 약물치료, 물리치료, 작업치료를 통해 운동성이 좋아졌다. 그는 정기적으로 진료를 받으면서, 시간이 지남에 따라 천천히 약물의 용량을 높여야 했다. 기분도 밝아졌고, 무엇보다 환자로서 기꺼이 항우울제를 복용했다.

병이 더 진전되면

첫 번째 만남 이후 몇 년이 지나서 슈바르츠 씨는 다시 내 앞에 와 앉았다. "오늘 아침엔 엉망이었어요. 침대에서 나와 실내화를 신었는데, 신발을 잘못 신은 것처럼, 발이 말을 안 들었어요. 실내화 안에 납덩이가 달린 것처럼요. 그렇게 심각했던 적이 없었는데 말입니다. 짧은 보폭으로 불안불안하게 겨우 침실 문 앞까지 갔지만, 문을 열고 거실로 나갈 수가 없었어요. 상상이 되세요?"

"물론이죠. 말씀하신 내용은 아주 전형적이네요. 문턱 같은 그런 작은 장벽이 종종 발목을 잡고 못 움직이게 하죠. 그런 상태를 전문용어로 '동작 동결'이라고 부릅니다. 그럴 땐 스스로에게 구령을 붙이는 것이 도움이 됩니다. 예를 들어 '하나, 둘, 셋!' 또는 그 비슷하게요. 아니면 리드미컬한 멜로디를 상상해도 됩니다. 그러면 그런 장벽을 넘기가 수월해집니다. 음악 좋아하시잖아요."

"지팡이를 짚고도 약간 비틀대요. 하지만 나는 여전히 아내와 춤을 춥니다. 댄스플로워까지는 아내의 팔을 잡고 가지만, 일단 음악이 시작되면, 문제없이 춤을 출 수 있어요. 여전히 내가 리드합니다. 믿겨지세요?"

"슈바르츠 씨만 그런 게 아니에요. 파킨슨병 환자들은 외부에서 박자가 주어지면 훨씬 잘 움직입니다. 그리고 댄스음악의 리듬에 몸을 맡기는 것보다 더 멋진 일이 어디 있겠어요. 좋아하는 노래를 흥얼거리세요. 문턱을 넘을 때 도움이 될 겁니다. 시각 자극도 도움이 될 수 있어요. 어떤 환자들은 지팡이 끝에 접이식 플라스틱 막대를 붙여 두고 그것을 넘어서 걸어요. 걸려 넘어지는 일은 없습니다."

그다음 나는 환자와 언제 어떤 상황에서 급작스러운 동작 동결이 왔는지 얘기하고 상세히 의논한 후 약을 바꿨다. 나는 작별 인사와 함께 손을 내밀었는데, 그때 슈바르츠 씨가 잊고 있던 뭔가를 생각해냈다. "아, 하고 싶은 말이 하나 더 있어요. 최근에 파킨슨병에 대해 많이 읽었는데, 살충제가 원인일 수 있다는 이론이 있더군요. 하지만 나는 그것을 전혀 믿지 않아요. 우리의 살충제는 안전하고 유용합니다. 제임스 파킨슨은 이 질병을 200년 전에 발견했고, 그때는 아직 살충제가 없었어요. 어떻게 생각하세요?"

"맞는 말씀이세요. 파킨슨병은 아마도 태초부터 있었을 겁니다. 기원전에 벌써 인도 의사가 파킨슨병 환자에 관해 설명한 기록이 있어요. 수천 년 전에도 이미 있었던 유전성 파킨슨병이 분명 있습니다. 또한 모든 살충제가 화학합성으로 만들어지는 건 아니죠. 어떤 식물은 해충으로부터 자신을 보호하기 위해 자연 살충제를 가지고 있습니다. 로테논이 그런 예죠. 전문가이시니 당연히 아시겠죠. 그러니까 인간은 아마도 예전에 이미 그런 물질을 통해 병을 얻었을 수 있어요."

"로테논은 그사이 금지되었어요." 슈바르츠 씨가 말하고 잠시 생각에 잠긴다. 그리고 더 깊은 논의가 진행되지 않는 세태를 비판한다. 그러나 내 진료실에서는 '정치 금지' 규칙이 적용된다.

동물실험에서 소량의 살충제로도 파킨슨병이 유발될 수 있음이 입증되었고, 수많은 연구가 다양한 살충제를 파킨슨병의 위험 요인으로 증명했고, 몇몇 연구는 심지어 명확한 용량-효과 비례 관계를 확인했다. 다양한 살충제 성분이 파킨슨병 환자의 뇌에서 점점 더 많이 발견되고, 최근 전 세계에서 살충제 소비가 뚜렷이 증가하고, 파킨슨병 역시 증가하고…… 이 모든 주장에도 불구하고 독일에서 이 주제는 지금까지 거의 관심을 받지 못했고, 무엇보다 정책으로 이어지지 않았다. 젊은 건강한 도시 거주민에게서도 다양한 살충제 성분이 검출된다. 그러므로 우리 모두가 이런 유해물질과 밀접하게 접촉한다. 재래식 과수원에서는 예방 차원에서 1년에 10회 이상씩 살충제가 뿌려진다. 그것만 보더라도, 위의 모든 주장이 놀랍지 않다.

모두가 알고 있듯이, 최근에 곤충의 수가 약 80퍼센트나 감소했다. 현대식 농업의 살충제 대량 소비가 주요 원인으로 꼽힌다. 꿀벌의 죽음에서 무엇보다 네오니코티노이드 물질이 주요 원인으로 확인되었다. 자연은 세포 물질대사의 여러 과정을 발명했고, 그것의 유용성은 이미 입증되었다. 곤충과 다른 단순한 생명체뿐 아니라 인간 세포도 그런 물질대사를 한다. 곤충을 해치는 메커니즘이 인간에게 아무런 해를 끼치지 않는다면, 그것이 오히려 놀라운 일 아닐까?

살충제는 현재 인간에게 끼치는 유해성이 충분히 검사되지 않는다. 말하자면 우리는 독물질이 인간의 뇌에 미치는 효과를 시험하는 대규모 무작위 실험의 피험자인 걸까? 유럽연합에서는 예방원칙이 적용된다. 그것에 따르면, 설령 완전한 과학적 입증이 아직 나오지 않았더라도 환경이나 인간의 건강에 해로울 수 있는 물질은 피하거나 가능한 한 줄여야 한다. 2006년에 독일연방위험평가국(BfR)은, 살충제가 파킨슨병의 원인이라고 확정하기에는 아직 자료가 부족하다고 평가했었다. 그러나 그사이 연관성을 보여주는 수많은 추가 증거들이 나왔다. 새로운 평가가 시급히 필요하다.

신경과 의사는
어떻게 일하나

내가 아직 대학생이었을 때, 신경과는 지적인 이론가들을 위한 분야로, 진단은 흥미진진하지만 실용적 치료법은 거의 없는 것으로 통했다. 진단이 흥미진진한 것은 그대로이지만, 치료법은 현재 점점 크게 발전하고 있다. 우리는 뇌졸중 치료에서 대단한 진보를 이룩했다. 위험하게 막힌 대동맥을 카테터로 뚫어 더 큰 장애를 막는 데 성공한 바우어 씨를 생각해보라. 다발성경화증, 간질 발작, 편두통 치료에서도 새로운 치료법이 많이 개발되었고 지금도 되고 있다. 파킨슨병과 알츠하이머 같은 신경퇴행성 질환에서도, 비록 다른 질병들보다 덜 인상적이지만, 상당한 발전을 이룩했다. 특히 파킨슨병의 경우, 새로운 치료법 개발뿐 아니라 질병을 예방하고 환경을 보호하는 접근방식을 더욱 강화해야 할 것이다.

일반적으로 올바른 생활방식으로 여러 신경 질환을 예방할 수 있다. 혈압 관리, 충분한 운동, 건강한 식습관, 금연이 뇌졸중 예방에 탁월한 역할을 한다. 그리고 이런 생활방식이 치매도 예방한다는 사실을 기억하는가? 우리는 많은 것을 이미 손에 쥐고 있고, 나머지는 정치적으로 획득해야 한다. 환경오염은 뇌졸중의 톱10 위험요인에 속하고, 그런 영역에서는 오직 공동으로만 개선에 도달할 수 있다.

모자이크 조각이 모여 그림을 완성한다

올바른 진단의 기초는 환자의 얘기를 세세히 경청하고, 신체를 꼼꼼히 검사하는 것이다. 우리 신경과 의사들은 환자의 얘기와 검사결과를 토대로 진단을 위한 가설을 세운다. 언제나 신경계의 어느 자리를 자세히 살필 것이지 결정하는 것이 중요하다. 그다음 여러 기술적 검사로 가설을 점검하고, 배제할 다른 위험한 원인을 확인하고, 진단을 확정한다.

진단을 확정할 때 우리는 신경 검사에서 발견된 모자이크 조각을 하나씩 모아 커다란 그림 하나를 완성하고자 애쓴다. 사례를 보자. 한 여성 환자가 설명한다. 4주 전부터 양다리에 힘이 점점 더 빠진다. 검사 결과 두 다리가 약해졌고 근육 긴장이 높아져 경직이 보인다. 팔의 반사 반응은 정상이고 다리의 반사 반응은 팔보다 훨씬 더 강하다. 환자가 가져온 요추 MRI에는 아무 이상이 없다. 원인은 더 위쪽의 척수에 있는 것 같다. 요추 신경에 장애가 있으면, 근육 긴장이 약해지고, 반사 반응이 없거나 약하기 때문이다. 가슴 부위 척추의 척수 MRI에 염증이나 종양이 보인다. 환자의 설명과 신경 검사에서 팔에도 장애가 있다면, 경추를 검사해야 한다. 그곳에 (적어도 한) 병소가 있을 것이기 때문이다. 추가로 이중으로 겹쳐 보이고 말이 어눌하거나 삼킴 장애를 호소하는 환자라면, 원인은 더 위로 올라가 뇌줄기에 있거나 다발성경화증처럼 여러 자리에 있다. 다리의 약화가 서서히 위쪽으로 이동하고 반사 반응이 없으면, 길랑-바레 증후군이라는 말초신경염일(5장 참조) 가능성이 가장 높다. 그러면 신경전도와 척수액을 검사해야 한다.

신경과 의사는 진단 과정에서 각각의 발견 내용을 모두 모아 그림 하나를 완성한다. 이 그림을 '증후군'이라고 부른다. 근육 긴장이 높고 반사 반응이 활기찬 두 다리의 경직이면, '두 다리의 경직성 마비' 또는 '경직성 하반신마비'라고 진단한다. 팔과 다리가 약해졌고, 근육 긴장이 느슨하고 반사 반응이 없으면, 이 증후군의 이름은 '이완성 사지마비'이다. 증후군은 신경계의 병소와 원인을 알려준다.

. . . . .

더 많은 시간을 찾아서

시간을 다투는 뇌졸중 같은 급성 중병을 제외하면, 신경 질환의 진단과 치료에는 많은 시간이 소요된다. 병력을 확인하고, 신경 검사, 발견된 이상 증상의 해명, 진단 그리고 장기적으로 환자에게 가져올 모든 결과를 설명할 시간이 필요하다. 이 책에서 다루지 않은, 수많은 희귀 신경 질환 환자들은 특별히 더 많은 시간이 필요하다. 이런 환자의 병명을 알아내는 것은 때때로 지난한 수사 과정과 닮았다.

'용의자'의 '알라바이'를 차례로 검사한다. 이때 '범인의 범위'가 점점 더 좁혀진다. 그러나 마지막에 항상 '범인'을 명확히 지목할 수 있는 것도 아니다. 여러 번 검사하고, 어떨 땐 몇 년의 간격을 두고 반복해서 검사해야 하는 환자들이 아주 많다. 때로는 시간이 지남에 따라 질병의 전체 얼굴이 드러나고, 때로는 새로운 지식이 발견되거나 중간에 새로운 질병이 밝혀지기도 한다. 또한, 희귀병 치료에 쓰이는 희귀의약품이 점점 더 늘고 있다.

현대 의학과 독일의 의료시스템은 대단히 기기 중심이다. 기술 서비스가 의사의 진료상담보다 가치가 더 높게 책정된다. 이미 개별적 수정이 있긴 했지만, 기본적으로 오랜 폐해가 여전히 존재한다.

병원은 비용 절감과 수익 확대를 위해 가능한 한 빨리 환자들을 '밀어내도록' 종용한다. 이것이 의사, 간호사, 치료사, 복지사 등, 모든 관계자에게 막대한 압박을 가한다. 입원 기간이 평균치와 비교되고, 적지 않은 과장의사들이, 환자의 입원 기간을 가능한 한 평균치 아래로 유지하라는 지시를 경영진으로부터 전달받는다. 이른바 코디네이터가 입원 초기에 예상 진단을 근거로 질병 및 수익을 기준으로 분류하여 적정 입원 기간을 산출한다. 관리자들의 과제는 종종 입원 기간의 조정 및 최적화이다. 현대 병원들은 어떤 측면에서 건강 공장처럼 운영되어, 철저히 합리화된 과정을 통해 환자의 요구가 아니라 수익 최적화를 최우선으로 하는 논리가 통한다. 물론, 가능한 한 짧게 입원하는 것이 환자에게 유익하겠지만, 적합한 입원 기간은 치료에 따라 그리고 병원비 부족 문제의 경우 사회적 기준에 따라 평가되어야지, 수익이 우선되어선 안 된다. 적자 병원이 늘어나고, 그래서 수익 최적화 압박이 더욱 높아지고, 인도주의적 의료 추구를 어렵게 한다. 그러므로 병원의 재정 개혁이 시급하다.

그러나 환자를 위한 시간 부족은, 다른 과와 마찬가지로 신경과에서도, 젊은 의사가 부족한 데서 생긴다. 필요한 의료 인력을 완전히 채우지 못하는 병원이 아주 많다. 독일에서는 옛날부터 의사들을 너무 적게 양성하고, 오늘날에도 여전히 의과대학 정원이 너무 적다. 수많은 병원이, 학비가 훨씬 비싸고 환자가 적은 나라에서 온 외국 의사들의 도움으로 겨우 '생존한다'. 의사가 되려는 젊은이는 많지만, 의과대학에 합격하지 못한다. 점점 노령화되고 있는 우리 사회는 더 많은 의사가 필요할 것이다. 그러므로 의과대학의 정원을 시급히 늘려야 한다.

. . . . .

신경과 – 팀워크

신경 질환의 진단과 치료는 팀 과제이다. 여러 직업군이 환자를 위해 협력해야 한다. 빈번하게 요구되는 재활치료와 병원비 지원을 조직하는 복지사, 물리치료사, 작업치료사, 언어치료사, 의사 그리고 (특히 중요한) 간호사. 이 모든 직업군에서 환자를 위해 일하는 사람은 주로 여성이다.

앞에서 언급한 병원의 최적화는 주로 간호 인력의 희생으로 이루어졌다. 병원은 의사의 진단과 치료 명목으로 돈을 받는다, 반면 간호는 몇 가지 예외를 제외하고 그 자체로 어떤 수익도 창출하지 않으므로, 병원은 간호를 본질적으로 오로지 비용 요인으로만 간주한다. 그러나 수많은 신경과 환자들은 집중 간호가 필요하다. 이것이 없으면 합병증 위험이 있다. 애석하게도 신경과 병원에는 종종 간호 인력이 막대하게 부족하다. 단 두세 명이 25~30명의 입원환자를 담당하는 경우가 드물지 않다.

간호사들이 높은 수준의 직업윤리와 대부분 희생정신을 발휘해 환자를 돌보더라도, 임무를 다하지 못하는 일이 어쩔 수 없이 계속해서 생긴다. 당연한 결과로 수많은 간호사가 자신의 직업 상황에 만족하지 못한다. 여러 간호사들이 직업교육을 마친 후 첫 10년 안에 벌써 직업을 버린다. 정치는 이런 폐해에 너무 늦게 관심을 갖고 대책 마련을 시작했다.

가장 중요한 요점은, 병원은 의료비뿐 아니라 간호비도 따로 책정하여 수납해야 한다. 2020년부터 신경과에도 병동 담당 간호사 수에 하한선이 도입된다. 환자 개개인의 간호 요구에 따라 필요 간호 인력을 정하는 제도인 '간호 인력 규정'이 1990년대에 이미 있었다. 이 규정을 지키려면 간호사를 아주 많이 추가로 채용해야 할 것이기 때문에, 다시 재빨리 폐지되었다. 개별 간호 요구를 채울 수 있는 실용적인 제도가 시급히 필요하고, 그것은 간호사 수의 엄격한 하한선보다 훨씬 발전된 형태여야 할 것이다. 신경과는 물론이고 다른 과들 역시 환자의 이익을 위해 간호 인력을 다시 충분히 채용하려면, 대대적인 개혁이 필요하다.

. . . . .

마지막으로 환자에 대해

이 책의 각 장에는 수많은 환자들이 등장한다. 모든 이야기는 여러 환자의 증상과 경험을 종합하여 재구성한 것이다. 환자들의 개인정보 보호를 위해 그리고 질병의 전형적인 특성을 명확히 보여주기 위해 그렇게 했다. 이 책에 등장한 나의 모든 환자들에게 이 자리를 빌려 진심으로 감사를 전한다.

참고문헌

2장

AQUA. Institut für angewandte Qualitätsförderung und Forschung im Gesundheitswesen GmbH. Versorgungsqualität bei Schlaganfall. Konzeptskizze für ein Qualitätssicherungsverfahren. Stand 13. März 2015. www.aqua-institut.de / fileadmin / aqua_de / Projekte /455_ Schlaganfall / Konzeptskizze_Schlaganfall.pdf

Batchelor FA et al. Falls after stroke. Int J Stroke 2012; 7: 482–90.

Becher H et al. Socioeconomic conditions in childhood, adolescence, and adulthood and the risk of ischemic stroke. Stroke 2016; 47: 173–9.

Emberson J et al. Eff ect of treatment delay, age, and stroke severity on the eff ects of intravenous thrombolysis with alteplase for acute ischaemic stroke: a meta-analysis of individual patient data from randomised trials. Lancet 2014; 384: 1929–35.

Feigin VL et al. Global burden of stroke and risk factors in 188 countries, during 1990–2013: a systematic analysis for the Global Burden of Disease Study 2013. Lancet Neurology 2016; 15: 913–24.

Grau AJ et al. Periodontital disease as a risk factor of stroke. Stroke 2004; 35: 496–501.

Grau AJ et al. Nachuntersuchung 90 Tage nach Schlaganfall und transitorisch-ischämischer Attacke im Qualitätssicherungsprojekt Rheinland- Pfalz. Akt Neurol 2018; 636–645.

Hackett ML, Pickles K. Part I: frequency of depression after stroke: updated systematic review and meta-analysis of observational studies. Int J Stroke 2014; 9: 1017–25.

Meschia JF et al. Guidelines for the primary prevention of stroke: a statement for healthcare professionals from the American Heart Association /American Stroke Association. Stroke 2014; 45: 3754–832.

O'Donnell et al. Global and regional eff ects of potentially modifi able risk factors associated with acute stroke in 32 countries (Interstroke): a casecontrol study. Lancet 2016; 388: 761–75.

Pendlebury ST, Rothwell PM. Prevalence, incidence, and factors associated with pre-stroke and post-stroke dementia. Lancet Neurol. 2009; 8: 1006–18.

Stroke Unit Trialists' Collaboration. Organised inpatient (stroke unit) care for stroke. Cochrane Database Syst Rev. 2013 Issue 9, Art. No.: CD000197.

Tikk K et al. Primary preventive potential for stroke by avoidance of major lifestyle risk factors: the European Prospective Investigation into Cancer and Nutrition-Heidelberg cohort. Stroke 2014; 45: 2041–6.

3장

Bähr Matthias, Frotscher Michael. Neurologisch-topische Diagnostik. Anatomie – Funktion – Klinik. Th ieme-Verlag, Stuttgart / New York 2014 (10. Aufl age).

Eagleman David. Th e Brain. Die Geschichte von Dir. Pantheon-Verlag, München 2017 (3. Aufl age).

Stockert A, Saur D. Aphasie. Eine neuronale Netzwerkerkrankung. Nervenarzt 2017; 88: 866–873.

www.humanbrainproject.eu / en / about / project-structure / subprojects

4장

Gilhus NE. Myasthenia gravis. N Engl J Med 2016, 375: 2570–2581.

Romi F, Hong Y, Gilhus NE. Pathophysiology and immunological profi le of myasthenia gravis and its subgroups. Current Opinion in Immunology 2017, 49: 9–13.

5장

Calaghan BC, Price RS, Feldman EL. Distal symmetric polyneuropathy. A review. JAMA 2015; 314: 2172–2181.

Willison HJ, Jacobs BC, van Doorn PA. Guillain-Barré syndrome. Lancet 2016; 388: 717–727.

6장

Rosenow F et al. Lateralisierende und lokalisierende Anfallssymptome. Bedeutung und Anwendung in der klinischen Praxis. Der Nervenarzt 2001; 72: 743–749.

Dalmau J, Graus F. Antibody-mediated encephalitis. N Engl J Med 2018; 378: 840–851.

7장

GBD 2016 Dementia Collaborators. Global, regional, and national burden of Alzheimer's disease and other dementias, 1990–2016: a systematic analysis for the Global Burden of Disease Study 2016. Lancet Neurol 2019; 18: 88–106.

Ngandu T et al. A 2 year multidomain intervention of diet, exercise, cognitive training, and vascular risk monitoring versus control to prevent cognitive decline in at-risk elderly people (FINGER): a randomised controlled trial. Lancet. 2015; 385: 2255–63.

S3-Leitlinie Demenzen. AWMF-Register-Nr. 038–013. Langversion Januar 2016.

Ziegler U, Doblhammer G. Prevalence and incidence of dementia in Germany – a study based on data from the public sick funds in 2002. Gesundheitswesen 2009; 71: 281–290.

8장

Berer K et al. Commensal microbiota and myelin autoantigen cooperate to trigger autoimmune demyelination. Nature 2011; 479: 538–541.

Berer K et al. Gut microbiota from multiple sclerosis patients enables spontaneous autoimmune encephalomyelitis in mice. PNAS 2017; 114: 10719–10724.

Kurtzke JF. Epidemiologic contributions to multiple sclerosis: an overview. Neurology. 1980; 30: 61–79.

Odoardi F et al. T cells become licensed in the lung to enter the central nervous system. Nature 2012; 488: 675–681.

Pape K, Zipp F, Bittner S. Neues aus der Immuntherapie bei Multipler Sklerose. Nervenarzt. 2018; 89: 1365–1370.

Wekerle H. Brain Autoimmunity and Intestinal Microbiota: 100 Trillion Game Changers. Trends in Immunology 2017; 38: 483–97.

9장

Do TP et al. Th erapeutic novelties in migraine: new drugs, new hope? J Headache Pain 2019; 20: 37.

Burch R. Migraine and Tension-Type Headache: Diagnosis and Treatment. Med Clin North Am 2019; 103: 215–233.

10장

Bundesamt für Risikobewertung (BfR). Pestizidexposition und Parkinson: BfR sieht Assoziation, aber keinen kausalen Zusammenhang. Stellungnahme Nr. 033 /2006 des BfR vom 27. Juni 2006.

Del Tredici K, Braak H. Review: Sporadic Parkinson's disease: development and distribution of α-synuclein pathology. Neuropathol Appl Neurobiol. 2016; 42: 33–50.

James KA, Hall DA. Groundwater pesticide levels and the association with Parkinson disease. Int J Toxicol. 2015; 34: 266–73.

Lee PC et al. Traumatic brain injury, paraquat exposure, and their relationship to Parkinson disease. Neurology. 2012; 79: 2061–6.

Pan-Montojo FJ, Reichmann H. Ursache der Parkinson-Krankheit. Braak revisited. Aktuelle Neurologie 2014; 41: 573–8.

Pesticides found in hair samples. 07. 11. 2018. www.greens-efa.eu / en / article / document / pesticides-found-in-hair-samples

Pezzoli G, Cereda E. Exposure to pesticides or solvents and risk of Parkinson disease. Neurology 2013; 80: 2035–2041.

Recasens A et al. Lewy Body Extracts from Parkinson Disease Brains Trigger α-Synuclein Pathology and Neurodegeneration in Mice and Monkeys. Ann Neurol 2014; 75: 351–62.

인생을 좌우하는 신경계
신경 이야기

초판 1쇄 발행 ∣ 2023년 5월 10일
초판 2쇄 발행 ∣ 2023년 11월 10일
지은이 ∣ 아르민 그라우
옮긴이 ∣ 배명자
펴낸이 ∣ 권영주
펴낸곳 ∣ 생각의집
디자인 ∣ design mari
출판등록번호 ∣ 제 396-2012-000215호
주소 ∣ 경기도 고양시 일산서구 중앙로 1455
전화 ∣ 070·7524·6122
팩스 ∣ 0505·330·6133
이메일 ∣ jip2013@naver.com
ISBN ∣ 979-11-85653-97-6 (03470)